编 委

编 委

安　旸　王松鹤　韩　帅　袁　玥

郭　皓　梁　滨　王雪飞

书稿助理

魏泽华　陈　亮

鸣谢单位：（以下排名不分先后）

中国动漫集团

山东御书房动漫科技有限公司

北京先行未来云科技有限公司

江西泰豪动漫职业学院

山西艺术职业学院

太原未来云科技有限公司

北京极域科技有限公司

北京理工大学

南京嘿蘑法信息技术有限公司

杭州玖城网络科技有限公司

亚伦西姆斯视效传媒北京有限公司

Blickfang VR（北京佳视融科文化传播有限公司）

Insta360（深圳岚锋创视网络科技有限公司）

鸣谢个人：（以下排名不分先后）

周明全　赵沁平　孙　伟　苏志武　周广明　姜俊杰　卢　尧

翁冬冬　胡丽娜　王艳芳　单红龙　李　明　钱　冬　张　杰

陈　文　李美平　郝晓辉　王　鹏　王　涵　姚志奇　黄　伟

田　凯

虚拟现实技术

VR全景实拍基础教程

韩 伟 编著

中国传媒大学出版社

·北京·

本书详细介绍了全景图像及全景视频的拍摄过程,能够帮助对全景制作感兴趣的读者快速全面地掌握完整的知识体系。书中对全景制作处理流程介绍较为细致,尤其对初学者将会大有裨益。

北京理工大学研究员 博士　翁冬冬

据预测,VR 将成为继电影、电视、电脑、手机之后与人们生活密切相关的第五块屏幕,技术的发展、推广、普及一定要有优秀的内容作为支撑。VR 全景拍摄、制作是优秀 VR 内容创作生产的重要方式,有广阔的应用空间。本书系统介绍如何创作 VR 全景作品的理论知识与实用技巧,具有较强的实用性、可操作性、指导性和前瞻性,在 VR 全景人才培养方面将发挥重要作用。

中国动漫集团党委副书记　沉浸式交互动漫文化和旅游部重点实验室副主任
中国虚拟现实产业联盟动漫委员会主任　周广明

由于对 VR 技术在播音与主持艺术专业教学上的应用与关注,我与作者的交流加深了。作为国内第一部关于 VR 技术方面的教材编写者,作者在此领域的超前意识与技术能力可见一斑。此教材的面世,将推动传媒及各行业对于 VR 技术的推广应用,并带动 VR 技术领域的进一步革新。

河北地质大学影视艺术学院教授　播音与主持艺术专业带头人　胡黎娜

在 5G 的浪潮中,VR 是不可或缺的一环,像这样详细介绍 VR 全景视频、图片与直播技巧的书,值得 VR 从业者学习。让我们共同推进 VR 全景行业蓬勃发展。

Insta360 首席产品官　季乐凯

5G 是虚拟现实行业的福音,5G 的到来将使虚拟现实行业得到飞速发展。本书针对虚拟现实中的全景拍摄进行基础内容传授,使初学者既能快速上手,又能具备扎实的功底,非常值得初学者学习。

山东御书房动漫科技有限公司董事长　王松鹤

虚拟现实技术经历了从 2016 年的开端,从实验室走进商业运用,再到现在 5G 环境下的场景使用的发展历程。虚拟现实技术在不断完善、应用在不断丰富,市场急需一本易懂易学的好教材,《虚拟现实技术:VR全景实拍基础教程》介绍了虚拟现实技术的基本概念、虚拟现实实景拍摄、虚拟现实视频制作的关键技术、虚拟现实技术在现实中的应用。编者用心用力,几校其稿,本书既有理论,也重实践,既可作为高等院校图形图像、数字媒体、计算机等相关专业学生的教材,亦可作为虚拟现实爱好者、虚拟现实技术应用人员的参考资料。

金陵科技学院数字媒体艺术系主任　周安涛

AI有基础层、感知层、应用层,而VR/AR正是介于AI的感知层和应用层之间,在未来随处可见的每块屏中(无论是穹幕、CAVE、眼镜一体机、还是LED、BOE,甚至电梯投影、智能家庭等),我们都能感受其魅力。韩伟老师这本书能够带你从基础到系统去学习并掌握全景/VR/AR,未来已来,相约未来的自己。

北京极域科技有限公司CEO VR制作人 导演　梁滨

VR为我们打开了一扇品味生活的大门,韩伟老师这本书正是教你怎么打开这扇大门的钥匙!

光影匠人　王雪飞

作为一本VR全景实用教材,本书凝结了作者及其主要创作团队多年拍摄和教学的实战经验,是宝贵的片场经验和前沿科技相结合的成果,对于学生实操培养和VR全景科技产教融合具有重要的指导价值。

阿里巴巴大文娱VR视频直播合作伙伴　杭州玖城网络科技有限公司CEO　韩帅

当我阅读该教程到一半时,就忍不住拿起手边的单反和无人机去室外进行全景拍摄,结果合成出来的效果也还是不错的。文中技术部分解释得很清楚,容易理解,我相信更多的人不用看完,就会跟我一样有想立刻上手试一试的冲动!

南京嘿蘑法信息技术有限公司CEO　王亮

在VR的世界里,一切人具备的感知功能都可以酣畅淋漓地进行体验式融合,用户完全沉浸其中,忘掉虚拟与现实的区别,并且可以随心所欲地自由操作。VR的沉浸感、交互性、感知性将为人类活动带来革命性改变。而VR与5G的结合,使影像从记录现实走向创造现实,营造出一种"假作真时真亦假"的虚拟美学效果。而《虚拟现实技术:VR全景实拍基础教程》是集众多VR内容从业者的智慧,经过几年的摸索,从实际工作中总结的经验积累而来,对于 VR 行业的发展和人才培养具有关键作用。

Blickfang VR CEO　郭皓

VR 是科技发展的产物,也是一门具有艺术性的技术,它可以带你畅游虚拟世界,将你的想象完美呈现。如何利用这门超赞的技术手段来实现你的想象? 这本"秘籍"将给你答案。

亚伦西姆斯视效传媒北京有限公司 副总裁　钱多多

本书从 VR 技术在新时期的广泛应用出发,探究在信息传播形式呈现多样化、丰富化的态势下,融媒体理念所带来的新思路和大变局,是从艺术到技术、从理论到实操的教科书。

太原广播电视台广告中心节目部主任 制片人 主任编辑　安旸

喜欢和爱好虚拟现实全景实拍的读者一定要拜读这本书,这是一本专业秘籍。VR/AR/MR 是未来科技发展的趋势,需要有这样基础的认知和实践结合,才能最终站在科技发展的队伍当中来。

中国社会艺术协会动漫艺术委员会秘书长　张杰

本书顺应时代发展,紧扣行业脉搏。作为高校用书,本书贴近教学一线,能够在人才培养上给予深入且细致的指引;作为爱好者用书,本书又能引领读者快速进入五彩斑斓的全景大千世界!

江西泰豪动漫职业学院音乐影视系主任 博士　袁玥

虚拟现实作为最新一代信息技术,是一门跨领域、跨学科的交叉性很强的新兴学科,使用者既需要掌握计算机技术,又需要具备艺术修养。全景创作作为其中一个类别,技术和艺术也同样是交织在一起的。韩伟老师这本《虚拟现实技术:VR 全景实拍基础教程》由浅入深,从技术层面系统地讲解了全景创作的基础知识,初学者通过此书不仅能够打开虚拟现实全景创作的大门,还能为探索虚拟现实这个全新的世界奠定坚实的基础。

丽图(丽江)数字科技有限公司总经理　卢勇

AI可以让数据变得更智慧,5G可以让数据变得更快捷,MR/AR/VR可以让你心中的小宇宙实现可视化,直接可以看见亘古交替、看见历史沧桑、看见大海星辰……本书是VR行业中契合了大量实战经验的宝典,是帮助和促进VR教学拾阶而上的桥梁。这是一个最好的时代,未来已来,当下即是。

南京睿悦信息技术有限公司教育事业部总经理　陈文

随着新媒体技术的不断发展及在各个领域的运用,作者以较为丰富的创作经验与理论总结,为我们呈现了一本极具实用价值的技术手册。本书对广大爱好者、专业技术从业人员和影视传媒专业的学生都具有重要的参考价值。

山西传媒学院新媒体研究所所长 教授　王涵

前　言

　　不管你对 VR 虚拟现实技术感不感兴趣,都有必要深入了解这门体验技术,它是一项能够让人足不出户便可以进入纯虚拟空间的全新技术手段,目前主要是通过佩戴身体附加装置来进入这个虚拟空间。VR 的本质是要实现感官模拟,理论上要做到模拟人的视觉、听觉、嗅觉、味觉与触觉,不过现阶段通过头显还只能做到对前两者的模拟,即视觉与听觉。在触觉方面,VR 设备可以搭配一些控制杆或者手套类设备进行相应的操作,现在比较流行的虚拟现实类游戏更多采用的就是这两种操作方式。目前仅仅是对视觉与听觉的模拟就已经可以应用到许多事项上,例如模拟影院观看电影、进入虚拟现实参观数字化博物馆、足不出户穿戴设备后进入旅游景点、“亲临”各大直播现场,以及众多关于影音方面的虚拟现实实景应用,让人沉浸于另一个空间内。配合即将到来的 5G 商用化、城市数字化、人工智能化等相应技术手段,极高清的影像技术将再次改变我们认识世界的手段和记录世界的方法。

　　虚拟现实技术由来已久,早在 20 世纪 60 年代,第一套可以应用的虚拟现实设备就已出现,之后虚拟现实技术进入积累期,计算机和图形处理技术的共同进步为 VR 虚拟现实的商业化奠定了基础。进入 20 世纪 80 年代,计算机技术的提升加深了虚拟现实的体验,也增加了它的可能性。1987 年,全球第一款商用化的 VR 头盔产品面世。但随后由于计算机及处理能力的不足,这样的热潮并未持续很久。之后的虚拟现实设备主要服务于一些政府和专业机构,例如航天局的飞行模拟器装置。VR 技术的爆发是从 2014 年虚拟现实科技公司 Oculus 被 Facebook 以 20 亿美元全资收购事件开始的,因此,2014 年也成为虚拟现实技术发展的元年。至此,虚拟现实技术开始在社会上崭露头角。

　　如今,VR 产业的发展已处于快速发展的阶段,从 2014 年到 2019 年,VR 产业从市场的培育,到硬件、软件与技术之间的摸索和整合,形成了初步的行业链条。

　　在这样的情况下,虚拟现实技术成为教育课程,培养人才也成为目前的刚性需求。2018 年 9 月 14 日,教育部正式宣布在《普通高等学校高等职业教育(专科)专业目录》

中增设"虚拟现实应用技术"专业，从 2019 年开始执行。至此，虚拟现实技术成为大学的一门专业学科。我们遍寻市场，竟没有找到一本专业、统一的关于虚拟现实技术的完整教材。所以，当此项技术逐渐完善、市场专业人才缺口较大、业内专业教材匮乏的情况下，本书旨在为 VR 虚拟现实全景拍摄以及直播提供相关技术说明，试图填补这片空白。

对于虚拟现实技术，我们总共将它分为三部分：第一部分是实拍，包括了全景图片的拍摄制作、全景视频的拍摄制作和全景直播的相关内容；第二部分是虚拟建模以及虚拟场景的搭建与应用；第三部分是硬件开发，如 VR/AR 头显头盔的适配研发等。虚拟现实的内容制作主要集中在前两部分，而这本书率先推出的是第一部分的内容。在这部分里，我们会将虚拟现实的规模、市场及政府相应的政策进行详细说明，在此基础之上，详细介绍 VR 全景拍摄（VR 全景图片）、VR 全景视频与 VR 全景直播相关技术和应用。我们目前推出的这本《虚拟现实技术：VR 全景实拍基础教程》，希望有助于推动虚拟现实技术大踏步向全民化普及，走向市场化应用。随后我们将会推出《虚拟现实技术：VR 虚拟建模基础教程》，敬请期待。

需要特别说明的是，本书中有部分图片来源于网络，由于未找到图片的作者，故未标明出处，若原作者看到本书后有任何问题都可直接与本书作者取得联系，邮箱为120719471@163.com。同时，也非常欢迎各位读者朋友为本书提出宝贵的意见和建议。

目　录

第一章　虚拟现实概论

第一节　虚拟现实概述

一、虚拟现实的概念

虚拟现实（virtual reality，VR）技术是指采用以计算机技术为核心的技术手段生成一种虚拟世界，可以全方位地观看三维空间的技术。VR技术能够将用户的感知带入由它创建的虚拟世界，通过视觉、听觉和触觉等获得与真实世界相同的感受。

二、虚拟现实概述

人类获取信息大致经历了从单向到双向、从一维到多维、从简单到复杂的过程。

VR技术初创期（20世纪60—70年代）：虚拟现实技术开始于20世纪60年代，从1956年起，人类便开始探索虚拟现实技术。1957年，电影摄影师莫顿·海林（Morton Heiling）发明了名为Sensorama的仿真模拟器，并在1962年为这项技术申请了专利，这就是虚拟现实原型机——第一套可应用的虚拟现实设备。这套设备后来被用来模拟飞行训练。Sensorama是通过三面显示屏来形成空间感的，它体型庞大，用户需要坐在椅子上将头探进设备内部才能体验到沉浸感。

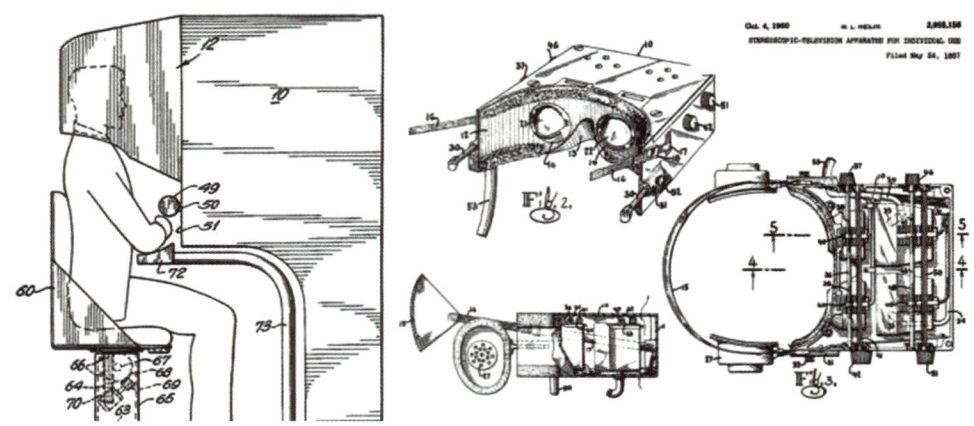

图 1-1　仿真模拟器 Sensorama 设计图

图 1-2　仿真模拟器 Sensorama 实体图

　　VR 技术积累期（20 世纪 80—90 年代）：计算机和图形处理技术的共同进步为 VR 虚拟现实迈向商业化奠定了基础。进入 20 世纪 80 年代以后，计算机技术的提升加深了虚拟现实的体验。1987 年，全球第一款商用的 VR 头盔产品出现。紧接着，任天堂、索尼等公司纷纷推出 VR 游戏机，引发了一股 VR 商业化热潮，但是当时计算机处理能力不足，此次商业化热潮并未持续很久，之后的虚拟现实设备主要应用在一些政府和专业机构，比如航空航天局的飞行模拟装置等。

　　VR 技术爆发期（21 世纪）：在 21 世纪的第一个十年里，智能手机迎来了爆发期，虚拟现实仿佛被人遗忘，尽管在市场尝试上不太乐观，但行业爱好者从未停止在 VR

领域的研究和开拓。随着 VR 技术在科技圈的充分扩展,科学界和学术界对其也越来越重视,VR 技术在医疗、飞行、制造、军事领域开始得到深入的应用研究。高密度显示器和 3D 图形功能智能手机的兴起,使得新一代轻量级高实用性虚拟现实设备的投入使用成为可能。深度传感摄像机传感器套件、运动控制器和自然的人机界面已经是日常人工智能的一部分。2014 年,Facebook 以 20 亿美元收购沉浸式虚拟观察技术公司 Oculus,该事件强烈刺激了科技圈和资本市场,沉寂多年的 VR 终于迎来了爆发期。此外,Facebook 收购 HTC Vive 事件也成为 VR 进入新时代的标志性事件。

表 1-1　2017 年中国 VR 市场规模

序号	名称	分类	金额(人民币)
1	HTC Vive＋Oculus	销售额	20 亿元
2	华为 VR	销售额	5 亿元
3	索尼 Play Station VR	销售额	15 亿元
4	小米 VR	销售额	7 亿元
5	暴风魔镜	销售额	3.7 亿元
6	蚁视 VR	销售额	4 亿元
7	千幻魔镜	销售额	2 亿元
8	大朋 VR	销售额	1 亿元
9	小鸟看看	销售额	2 亿元
10	小派 VR	销售额	5 000 万元
11	掌网科技	订单	5.5 亿元
12	IDEALENS	订单	2.5 亿元
13	3Glasses	海外订单/销售额	2.7 亿元/900 万元

2018 年,中国各大商业巨头纷纷转战 VR 领域,逐渐提出 VR＋行业、VR＋产业及行业等关键词。

2014 年至 2017 年,VR 产业从市场的培育到硬件、软件、技术之间的摸索和整合,初步形成了行业链;预计从 2018 年到 2020 年,VR 产业将平稳迅速发展,行业内的标准将逐渐规范,VR 企业级消费将迅速发展,VR 消费级市场认知也将在人们的认知中逐步加深。预计 2020 年至 2025 年,VR 将会进入成熟期,上下产业链将更加完善,软硬件一体化方案将更加成熟,技术将进一步整合且会应用于社会的各个层面。

从目前 VR 技术的发展方向来看,它能够应用的领域非常多,包括电竞＋VR、音乐＋VR、旅游＋VR、教育＋VR、体育＋VR、医疗＋VR、健身＋VR 等。"＋VR"足以颠覆一个时代用户的使用方式。

表 1-2   国内外 VR 行业发展现状对比

维度	国内	国外
厂商	以初创型企业的开发拓展为主,后有大型公司逐渐加入或投资收购	以几大科技巨头企业为主力,小型企业团队多以开发内容为主
成本与价格	成本相对较低,产品定价也比国外产品低	成本较高,产品定价普遍较高
产品开发周期	开发周期相对较短,产品同质现象比较严重	开发周期相对较长,产品之间各有所长
产品交互性	交互性能普遍较差,超半数设备不支持外接操作	交互性能相对较好,也有许多团队专门研制交互操作设备
内容平台	产品的内容平台多是官方论坛和普通应用,差异性小,吸引力一般	产品有专门的内容渠道及作品,且产品不断优化,吸引力大
硬件平台	手机端 VR 设备普遍更受欢迎,PC 端设备仅适用于深度用户	手机端、PC 端、主机端
产品适配性	适配设备广泛,对硬件要求低	适配设备较少,对硬件要求高

第二节   5G 网络对虚拟现实行业的影响

一、5G 时代的到来

随着 5G 网络的集成,中国移动、中国联通、中国电信都在尝试 VR 数据包的开发。5G 时代的到来也将为虚拟现实行业带来更多的机遇和挑战。5G 的全称是第五代移动电话行动通信标准,也称第五代移动通信技术。它的下载速度能够达到1.25GB/s。这意味着下载一部 8GB 的高清电影只需要 6 秒钟。2016 年 1 月 7 日,工业和信息化部(以下简称"工信部")的"5G 技术研发试验"正式启动;中国三大通信运营商于 2018 年迈出 5G 商用的第一步,并力争在 2020 年实现 5G 的大规模商用;2018年 6 月 26 日,中国联通表示在 2019 年进行 5G 试商用;2018 年 12 月 10 日,工信部公布已向中国电信、中国移动、中国联通发布 5G 系统中低频段试验频率使用许可;2019年 1 月 24 日,华为发布 5G 基带芯片;2019 年 1 月,中国移动发布第一个 5G 宣传片,让大家清晰地看到 5G 到来之后我们生活的场景;2019 年 2 月 18 日,上海虹桥火车站正式启动 5G 网络建设。

5G 网络是第五代移动通信网络,比 4G 网络的传输速度快数百倍。用智能终端分享 3D 电影、游戏以及超高画质(UHD)节目的时代正向我们走来。以 5G 产业目前的发展速度,VR 有望成为 5G 的首选业务,它会像互联网一样,进入我们生活的方方面面。尤其是在商用领域,VR 技术能为其助力,它能够和任何产业、行业结合在一起,衍生出新的东西和新的体验。对于 VR 技术来说,这才是它应有的良性发展方向。

图 1-3　5G AR 创新课堂①

普通人对 5G 的理解大概只是停留在上网速度更快、看视频玩游戏不卡顿等方面。其实 5G 到来之后,依托于 5G 新技术实现万物互联将成为可能,我们面临的将是一个万物互联的世界,5G 将赋能各垂直行业,我们的生活方式也将发生巨变。简单来说,5G 将突破人与人的连接,转变为人与物、物与物的连接。

图 1-4　5G 配网保护

① 本章图 1-3 至图 1-13 的图片均来源于中国移动 5G 宣传片。

沟通领域：超高清视频会议会让连接看得见，如身临现场；在运营商提供的 5G 网络下，云网融合、云端互动、多屏高清、低延时的互通互联都将轻松实现。通过超高清视频会议，人们即使相隔万里，也能无障碍地实现面对面交流沟通。

图 1-5   5G 超高清视频会议

教育领域：5G 云端智能机器人、5G 远程教学、5G 无人机校园巡逻等新应用都将在校园内实现，学生的人身安全将得到更加全面的保障。

图 1-6   5G AR/VR 全景直播

图 1-7   5G AR/VR 全景直播

图 1-8　5G 平安校园

　　5G 的引入会颠覆传统的教育方式,学生在未来将能够随时随地进行视频学习,而不再需要以教室为必备的基础性系统。在线学习的方式也为农村学生提供了更多便利,让教育变得更加公平。

图 1-9　5G 远程互动教学

　　医疗领域:5G 超低时延的网络环境能够实现与医生面对面交流,5G 远程医疗能够缓解医疗资源配置失衡,实现"医疗、医药、医保"联动,提高医疗质量,降低医疗成本,改变患者看病难的困境。

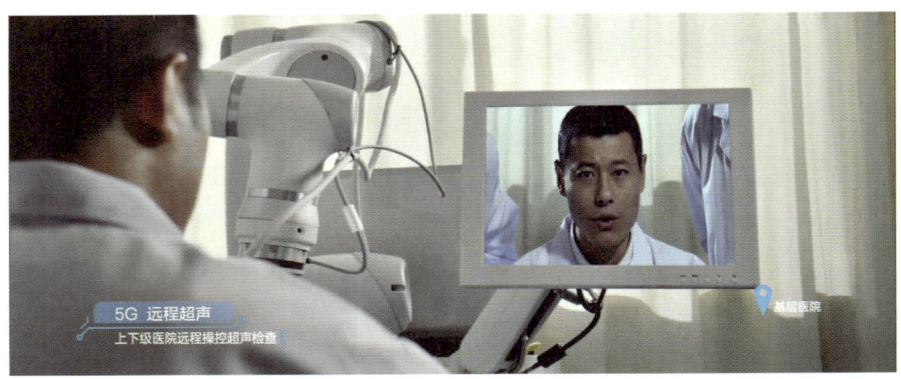

图 1-10   5G 远程超声(基层医院)

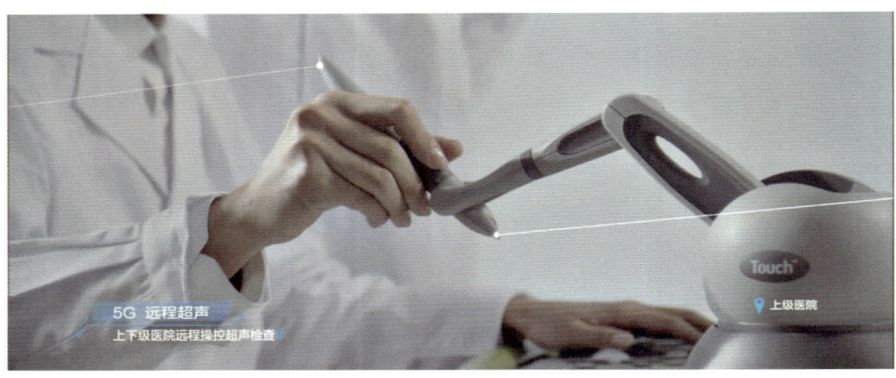

图 1-11   5G 远程超声(上级医院)

交通领域:5G 时代,驾车出行将更加智能和便利,汽车会自动控制行驶方向与刹车,司机坐在车里什么都不用干,汽车自己左躲右闪地一路狂奔,高超的驾驶技术远超任何老司机。此外,无人机安防布控、产品质量云端智能检测在 5G 时代都将变得全方位、无死角,万物互联,未来已来。

图 1-12   5G 自动驾驶

图 1-13　5G 自动驾驶

高带宽、低时延、广覆盖的 5G 技术将极大地提高数字传输技术,5G 技术不仅改变我们的生活,而且推动各行业积极发展。在这样的时代大潮中,我们一直研究的虚拟现实场景将做出哪些贡献呢? 其实,相比物联网、自动驾驶、远程医疗等应用,VR 是最先受益于 5G 的一类中端设备,因为在 5G 时代来临之前,制约虚拟现实的一大瓶颈就是快速大量的数据传输和建模所需要的庞大的计算能力。

二、政策推动 VR 与 5G 加速发展

在中国科技发展历程中,政府的扶持对产业的兴盛起着至关重要的作用,尤其是地方政府对科技和经济发展的影响更为深远。北京市新技术产业开发试验区是中关村科技园区的前身,于 1988 年 5 月 10 日经国务院正式批准成立,是我国第一个高新技术产业开发试验区。在中关村诞生了领导中国互联网时代的巨头,比如百度、新浪、搜狐、京东等,创造了无数令人羡慕的科技创业佳话。对于 VR/AR 产业发展来说,政府的支持政策同样至关重要。

事实上,自 VR 产业在国内爆发以来,就一直不缺政府的身影。2016 年 2 月 22 日中国(南昌)虚拟现实 VR 产业基地面纱的揭开,打响了全球城市级虚拟现实产业布局的“第一枪”。时任南昌市市长郭安曾表示,南昌市将启动全球首个城市级虚拟现实产业规划,南昌有机遇、有信心、有支撑推动虚拟现实产业在南昌生根发芽,并打造千亿级 VR 产业。

福州紧随其后,在 2016 年 2 月 27 日,宣布打造中国福建 VR 产业基地,不久后《关于促进 VR 产业加快发展的十条措施》即出台。其实,除了南昌和福州外,当时国内的三大 VR 产业基地相继成立,分别为济南 VR 产业基地、中国西部虚拟现实产业

园（成都）和青岛 VR/AR 产业创新创业孵化基地，这些都是在政府的扶持下建立起来的。可以预想，这些产业基地在良好的运作下将会形成庞大的产业链，深刻影响当地的经济和文化。

　　工信部于 2018 年 12 月 25 日出台了《关于加快推进虚拟现实产业发展的指导意见》（以下简称《意见》），该《意见》提出，到 2025 年，我国虚拟现实产业的整体实力要进入全球前列。5G 商用近在咫尺，与 5G 关系密切的 VR 行业也将迎来新的生机。未来，5G 将和云技术合力改变移动业务的发展趋势，呈现出智终端、宽管道、云应用的大趋势。VR 作为业界普遍看好的 5G 首批典型应用，其应用场景和业务范围将会被拓宽，产业也将会得到规模化发展。

图 1-14　5G 无人机实时数据采集、检测

　　从技术上看，5G 的高速率、大带宽、低延时会在很大程度上优化 VR 体验，使内容形态多样化。首先，5G 时代的到来让高清晰度、高码率的全景直播成为可能，5G 网络可实现上行单用户体验速率达到 100Mbps 以上，空口时延 100 微秒，这将会使 VR 直播更加流畅、更加清晰，用户体验时的眩晕感会大大降低。2019 年全国"两会"就是利用 5G 网络的超高带宽和网速来实现虚拟现实现场直播的。在新闻中心，主持人只要戴上现场提供的 VR 一体机，连接上 5G 网络，就能实时收到人民大会堂传回的"两会"报道，特别是通过安装在人民大会堂部长通道的 5G 网络和 VR 高清摄像头，更是让主持人可以通过 VR 眼镜实时观看到记者对部长们的采访直播。5G 技术由此衍生出一种新的商业模式——Cloud VR。Cloud VR 也称"云化 VR"，是一种全新的商业模式，利用于 5G 的高速网络让 Cloud VR 从本地走向云端，而在此之前只能通过少数高投入才能获取高性能多媒体 VR 内容。对于数据存储、处理能力的巨大需求，往往需由高级别 PC 端或经特殊改造的物理网络来实现。目前，大多数 VR 应用还依赖于

头盔或其他设备才能完成复杂的技术处理，而技术需求对以头盔为代表的设备又有种种限制，使设备的可移动性大打折扣；同时，高昂的售价也让大众消费者心有余而力不足，致使 VR 的受众大为受限。但 Cloud VR 将物理硬件迁移至先进的云平台，消费者只需承担连接头盔等设备成本，不需要自备高规格的 PC 端即可实现，所以成本的降低将为 VR 打开更广阔的市场。云的使用有助于提升设备的灵活性，让未来的全新设备更加轻便。用户未来在体验 VR 产品时，不需要背着沉重的设备，不需要连着一堆数据线，只要携带一个轻便的设备，通过云端连接，便可以直接在云端上运行 VR 的应用，整个体验将得到极大提升。届时，旅游＋VR、游戏＋VR、教育＋VR、医疗＋VR、工业＋VR、购物＋VR 等都将进入大众市场，为全社会创造超凡的价值，进而推动社会快速进入智能时代。

中国各地方政府也陆续推出了多项与 VR 相关的利好政策，为 VR 技术持续发展提供大片沃土。

表 1-3 是 2016 年到 2019 年期间，各级地方政府、部门推出的部分针对虚拟现实、增强现实发展的文件政策。

表 1-3　我国各级地方政府、部门对 VR/AR 的相关扶持政策

时间	部门机构	文件	政策摘录
2016 年 4 月	福州市政府	《关于促进 VR 产业加快发展的十条措施》	力争通过 3—5 年的努力，培育比较完整的 VR 产业链，打造全国领先的 VR 产业集聚区和全球 VR 产业重要的创业创新平台。
2016 年 7 月	长沙市经信委	《长沙虚拟现实产业发展规划》（征求意见稿）	将长沙打造成中国虚拟现实之都，力争到 2020 年，VR 相关产业成为新的千亿产业，培育产值 100 亿元人民币以上企业 2 家，50 亿元人民币以上企业 3 家，10 亿元人民币以上企业 10 家，1 亿元人民币以上企业 50 家。
2016 年 6 月	南昌市政府	《关于加快 VR/AR 产业发展的若干政策(试行)》	每年兑现政策的奖补资金除地方受益财政兑现资金外，先从市财政 3 000 万元 VR/AR 产业专项扶持资金中列支，不足兑现部分，从红谷滩新区财政 7 000 万元 VR/AR 产业专项扶持资金中列支。
2017 年 1 月	重庆市政府	重庆市 2017 年《政府工作报告》	加大增材制造、无人机、人工智能、服务机器人、虚拟现实等产业项目的储备、引进和研发，不断拓展新的产业领域。

续表

时间	部门机构	文件	政策摘录
2017 年 1 月	青岛市政府	《青岛市"十三五"战略性新兴产业发展规划》	重点发展新一代移动通信设备、物联网、云计算、VR(虚拟现实)智能可穿戴设备、软件开发、智能终端等信息技术产业,打造新一代信息技术产业示范园区。
2017 年 1 月	深圳市政府	深圳市 2017 年《政府工作报告》	集中资源加大研发、产业化、应用等全链条支持力度,加快在石墨烯、微纳米、机器人、5G 移动通信、金融科技、VR/AR 等 10 个领域出台专项支持计划,抢占前沿技术产业化先机,增强创新型经济发展后劲。
2017 年 2 月	南昌市政府	南昌市 2017 年《政府工作报告》	加快打造"南昌慧谷",积极推动中航长江设计师创意产业园、江西慧谷红谷创意产业园、中国(南昌)虚拟现实 VR 产业基地、699 文化创意产业园等产业项目建设,集中力量打造数字创意、文化创意产业集聚区。
2017 年 2 月	安徽省人民政府办公厅	《关于加快健身休闲产业发展实施意见》	鼓励可穿戴式运动设备、虚拟现实运动装备等新产品研发和推广。支持企业创建和培育自主品牌,提升健身休闲器材装备的附加值和软实力。
2017 年 3 月	南京市政府办公厅	《南京市"十三五"互联网经济发展规划》	加快虚拟现实/增强现实/混合现实(VR/AR/MR)产业发展,引导企业建立围绕硬件、软件、操作系统、内容制作和开发者社区的增强现实领域生态链布局,加快 VR/AR/MR 技术在制造、医疗、教育、旅游、娱乐等重点领域的应用推广。
2017 年 3 月	深圳市发改委	《VR/AR 产业专项扶持资金申请指南》	资助在深圳市(含深汕合作区)注册、具备独立法人资格的从事 5G 移动通信、石墨烯、虚拟现实和增强现实、机器人与智能装备、微纳米材料与器件、生物技术与精准医疗、智能无人系统、金融科技、增材制造和激光制造领域研发、生产及服务的企业、事业单位、社会团体或民办非企业等机构。
2017 年 3 月	甘肃省科技厅	《甘肃省"十三五"科普发展规划》	大力推动虚拟现实等技术在科技馆展览教育中的应用,推进甘肃数字科技馆建设。开发和集成优质科普资源,利用多媒体虚拟现实和人机交互等现代信息技术,配置数字化藏品和场景,建立虚拟科普场馆或各类兼具知识传播和科学实践功能的专题虚拟科学体验区,实现科技馆的在线虚拟漫游和互动体验,促进科技馆与公众线上线下的双向交流与互动。

续表

时间	部门机构	文件	政策摘录
2017年3月	福建省人民政府办公厅	《2017年数字福建工作要点》	建成福建省大数据交易中心、福建省海峡虚拟现实和影像资源交易中心。
2017年4月	河南省人民政府	《河南省推进国家大数据综合试验区建设实施方案的通知》	积极发展智能穿戴、智能车载、智能医疗健康、智能家居、虚拟现实等新型智能终端产品,壮大智能终端产业集群。
2017年4月	浙江省人民政府	《浙江省国家信息经济示范区建设实施方案》	围绕人工智能、量子通信、虚拟现实和区块链等前沿关键技术开展联合攻关,抢占新一代信息技术发展主导权。
2017年5月	上海市政府	《关于创新驱动发展巩固提升实体经济能级的若干意见》	大力推动大数据、人工智能、虚拟现实、增强现实、微机电系统、卫星导航、增材制造等加快发展。
2017年7月	北京市中关村科技园区管理委员会	《关于征集前沿储备项目的通知》	聚焦人工智能、虚拟现实(增强现实)、大数据、高端芯片、生物医药和高端医疗器械、智能机器人(含智能电动车、无人机)前沿材料和高端装备等产业领域,挖掘全球领先的颠覆性前沿技术项目,加快培育一批全球影响力的科技创新企业,打造具有技术主导权的产业集群。
2017年8月	青岛市政府	《青岛市创建国家知识产权强市实施方案》	以海洋科技、新一代信息技术、轨道交通、家电电子、海工装备、虚拟现实等产业为重点,开展专利导航产业发展实验区建设试点,推广实施产业规划类和企业运营类专利导航项目。
2017年12月	安徽省人民政府	《中国(合肥)智能语音及人工智能产业基地(中国声谷)发展规划(2018—2025年)》	突破高性能软件建模、内容拍摄生成、增强现实与人机交互、集成环境与工具等关键技术,研制虚拟显示器件、光学器件、高性能真三维显示器,开发引擎等产品,建立虚拟现实与增强现实的技术、产品、服务标准和评价体系,推动重点行业融合应用。
2017年12月	天津市人民政府	《天津市加快推进智能科技产业发展总体行动计划》和十大专项行动计划	把握虚拟现实、增强现实等智能技术发展趋势,突破虚拟现实、增强建模、增强现实与人机交互、集成环境与工具等关键技术,研制虚拟显示器件、光学器件、高性能真三维显示器、开发引擎等产品,面向娱乐、运动、医疗、养老、安全监测等领域新需求,开发头戴式虚拟现实显示设备以及智能手环、手表、眼镜、挂件等可穿戴式智能终端设备。到2020年,虚拟现实与增强现实产业规模达到70亿元人民币。

续表

时间	部门机构	文件	政策摘录
2018 年 1 月	福建省人民政府办公厅	《福建省人民政府办公厅关于加快全省工业数字经济创新发展的意见》	争取建设国家大数据综合试验区和国家新型工业化产业示范基地（数据中心），完善虚拟现实产业链，探索区块链技术创新。
2018 年 8 月	南昌市人民政府	《关于加快 VR/AR 产业发展的若干政策（修订版）》	规划建设"中国·南昌 VR 产业基地"，并作为"智慧南昌"建设的重要组成部分，重点发展 VR/AR 硬件、VR/AR 内容制作、VR/AR 跨界服务，建设一批 VR/AR 产业数据中心、渲染中心、超算中心和应用分发平台，强化硬件设计与制造、素材支撑平台开发、行业应用开发与推广、人才培养等配套服务功能，形成全产业链的产品和服务供应体系。
2018 年 9 月	教育部	《普通高等学校高等职业教育（专科）专业目录》	培养掌握虚拟现实、增强现实技术相关专业理论知识，具备虚拟现实、增强现实项目交互功能设计与开发、三维模型与动画制作、软硬件平台设备搭建和调试等能力，从事虚拟现实、增强现实项目设计、开发、调试等工作的高素质技术技能人才。
2018 年 12 月	工业和信息化部	《关于加快推进虚拟现实产业发展的指导意见》	加快我国虚拟现实产业发展，推动虚拟现实应用创新，培育信息产业新增长点和新动能。
2019 年	工业和信息化部、国家广播电视总局、中央广播电视总台	《超高清视频产业发展行动计划（2019—2022 年）》	要求有关单位结合实际认真贯彻落实。该行动计划将推动重点产品产业化列为重点任务，其中包括超高清电视、机顶盒、虚拟现实（增强现实）设备等产品。
2019 年	国家发改委	《产业结构调整指导目录（2019 年本，征求意见稿）》	旨在以供给侧结构性改革为主线，把发展经济的着力点放在实体经济上，顺应新一轮世界科技革命和产业变革，大力破除无效供给等。将虚拟现实（VR）、增强现实（AR）等技术的研发与应用纳入 2019 年"鼓励类"产业。

三、VR 前景

国内各大科技公司已经针对 VR 相关产品的使用产生眩晕感及售价昂贵等问题做出了成熟的解决方案。华为无线应用场景实验室与北京传送科技有限公司签署了谅解备忘录，联合开发基于 5G 网络的云端渲染 VR 解决方案，将复杂的图像处理转移到云端进行,并且利用 5G 技术的超低时延,实现交互式 VR 内容的实时云渲染。

中国移动研究院副院长魏晨光说:"VR 产业已经进入成熟阶段的'爬坡期',VR 内容的生产以及分发机制基本成型,用户的习惯已逐渐养成,垂直领域的融入度不断提升。5G 将为 VR 产业应用带来巨大发展空间,将进一步提升 VR 应用的交互性和沉浸感,让 VR 技术从传统的娱乐行业向各垂直行业应用拓展。"①

未来,VR 将从 B 端逐渐向 C 端过渡。硬件厂商会最先受益,但持续发展则离不开高质量的内容。届时,有能力生产优质内容同时与渠道平台建立良好联系的内容制作公司将会表现出更多优势。

华为技术有限公司总裁李腾跃表示,现阶段 VR 产业还存在优质内容缺乏、边缘计算不具备、网络延时需优化、"头显"体验待提升等挑战,"积淀方能"迎来爆发,唯有实现"设备+网络+内容"共同推送,才能让 VR 产业健康快速发展。②

中兴通讯联手中国移动研究院,开发并展示基于 5G 网络 MEC(移动边缘计算)架构的 VR 云游戏。另外,中兴通讯 MEC 平台整合业界领先的 GPU(图形处理器)虚拟化技术,为更多用户提供高性能的图形渲染服务。中国工程院院士、虚拟现实产业联盟理事长赵沁平表示,我国 VR 技术已广泛应用于大众娱乐、文化旅游、教育、智慧城市、装备研发、医疗等多个领域。

来自各大机构的预测则用数字证明,这是一个相当庞大的市场。调查机构 Research N Reports 发布的报告显示,2016 年至 2022 年,全球 VR 产业市场将大幅扩容,年复合增长率将高达 127%。全球 VR 内容市场的大部分收入将来自硬件销售、实时观看等方面。市场研究公司 DC 则预测,到 2020 年,全球 VR 设备的出货量将达 6 480 万件,VR 及增强现实(AR)游戏软件营收将达到 69 亿美元,将拥有 7 000 万用户。

随着 5G 的到来,更高清、更流畅的视频将在各应用场景中为用户带来更佳的体验,更受青睐,VR 视频领域也不例外。正如,英特尔在报告中所提到的"用户对视频数据的需求,不仅仅是因为视频分辨率会提高,还因为额外的嵌入式媒体和优化的沉浸式体验(5G 网络更低的延迟可帮助解决 VR 眩晕问题)"③。

1G、2G、3G、4G 的铺垫,让我们看到了未来的移动通信可能达到的效果。5G 的发布,让这些梦想都会慢慢变为现实。5G 技术将会在容量、速度、延迟方面有大幅度

---

① 当 VR 遇上 5G,将会带来什么改变?[EB/OL].搜狐网,http://dwz.cn/intHtj6s? u=d73e10082c73659e.
② 同上.
③ 从《5G 现阶段展望及看法》的发布到 5G 与 VR/AR 行业的融合展望[EB/OL]. http://kuaibao.qq.com/s/20190219AOWO6000? refer=spider.

提升，这将为下一代的沉浸式体验铺平道路。从最初的语音、短信、文字，到之后的音乐、视频等媒体，到最近的交互式多媒体，以及未来的沉浸式业务，我们的感受会层层提高。20 年前的手机以现在的眼光来看其功能十分简陋——单一的功能，极低的质量，但对于那时的人来说，能让有线而又烦琐的通话过程变为无线而又便捷的"沟通"，简直可以认为是"划时代"了。后来手机逐渐进入智能时代，再一次刷新了人们的认知，原来手机可以那么酷，功能可以那么多。

以前在我们的认知中，手机只是一个通话工具，现在却成了全能助手，几乎无所不能。从 VR 技术的角度来看，VR 后续的发展路径会是什么，现在的人已经给出了很多方向。VR 现在看起来可能还达不到我们期待的效果，现在的适用领域还较多地局限在游戏、教育、虚拟现实等方面，但是 VR 作为下一代极有可能广泛运用的技术，它的未来需要一个引爆的契机，而 5G 的出现，或许就是这样一个契机，我们即将迎来真正意义上的智能时代。

未来，随着 5G 技术的加持，流媒体（包括 VR 视频在内）将拥有更高的可持续发展力。在这一趋势下，作为内容载体的 VR 流媒体平台的竞争，也势必会更加激烈。

四、中国 VR 人才培养现状

某专业机构发布的数据显示，全球虚拟现实从业者主要集中在欧美以及印度等以 IT 高科技为主导的创新型国家，中国虚拟现实产业发展较快，当下出现了人才紧缺的局面。在全球有 VR 人才的三大梯队中，代表性的美国、中国、英国等 VR 人才占比分别为 40％、2％、9％。从人才需求来看，中国 VR 人才需求量已达到 18％，居全球第二，仅次于美国。

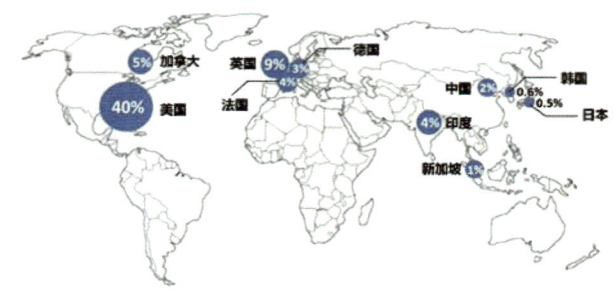

图 1-15　目前 VR 人才全球分布图①

---

① 转引自美国 VR 人才约占全球 40％，中国 VR 人才仅占 2％[EB/OL].（2016-06-16）[2019-04-23]. http://games. qq. com/a/20160616/029652. htm.

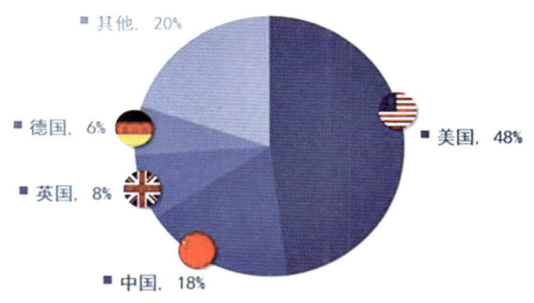

图 1-16 全球 VR 人才需求占比图[1]

现在,国家政策也在大力扶持虚拟现实技术行业,高校对虚拟现实技术的教育也越来越重视。2019 年 1 月 15 日,教育部发布的《关于公布 2019 年高等职业教育专业设置备案和审批结果的通知》中提到经各省级教育行政部门备案的非国家控制高职专业点有 57 860 个。通过高等职业学校招生专业设置备案的查询结果可以看出,目前共有 71 所院校开设了"虚拟现实应用技术"专业,分布于全国 20 个省。

根据某专业机构发布的 VR 职位需求量相关数据来看,美国独占近半,中国则约占 18%,紧随其后。国内很多大型 IT 企业向 VR 人才抛出了橄榄枝。

虚拟现实行业虽然具有较长历史,但实际上仍属新兴产业,虚拟现实技术与产业的发展轨道还未完全定型。整个行业在经历了热炒、低谷后,已逐步成熟,业界投融资回归理性,整个行业踏上了稳健的发展道路。

虚拟现实 VR 可作为人类文明发展的下一个浪潮,接下来它将成为我们"现实生活"中有趣且实用的补充,并且会越来越走进"现实"。

---

[1] 转引自美国 VR 人才约占全球 40%,中国 VR 人才仅占 2%[EB/OL]. (2016-06-16)[2019-04-23]. http://games. qq. com/a/20160616/029652. htm.

第二章　虚拟现实行业设备介绍

第一节　VR 内容显示设备

一、头显

虚拟现实的发展主要是从硬件、软件两个方面展开的，其中，硬件发展是非常重要的一环，虚拟现实技术的实质是构建一种人为的、能与之进行自由交互的虚拟环境，在这个环境中，人可以实时地探索或移动其中的对象。所以，体验者通过人机接口与计算机在虚拟环境中进行交互，从而获得与真实世界相同或相似的感知。图 2-1 为虚拟现实视觉感知设备——头戴式显示器。

图 2-1　头戴式显示器

　　当前的头戴式 VR 内容显示设备产品众多、名称混乱,眼镜与头盔混称,其实 VR 眼镜就是 VR 头盔,其统一、科学的名称应是头戴式显示器,简称"头显"。

二、3D（立体）眼镜

3D眼镜——用户通过佩戴立体3D眼镜，使双目能够分别看到左右图像，从而产生立体视觉。

图 2-2　3D 眼镜

它具有和智能手机一样的功能，可以通过声音控制拍照、视频通话和辨明方向，以及上网冲浪、处理文字信息和电子邮件等。

三、大屏幕显示

大屏幕显示通过边缘融合技术，呈现出球形无缝、逼真的画面。体验者钻进一个由三个面组成的硬质背景投影墙所组成的像洞穴一样的虚拟演示环境中，可以在由投影墙包围的系统中近距离地接触虚拟三维物体，或是随意漫游，感受真实的虚拟环境。

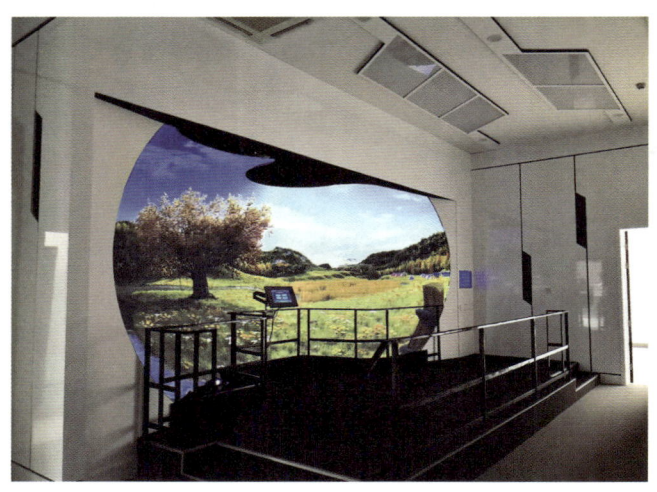

图 2-3　大屏幕显示

第二节　一体机(全景)相机

一体机(全景)相机(以下简称"一体机")是相机光轴在垂直航线方向上从一侧到另一侧扫描时呈现广角摄影的相机,可达到 360 度无死角拍摄。一体机往往内置多个方向的广角摄像头,有双目式的(内置两个摄像镜头),另外还有四目式、六目式等不同硬件配置的相机。这些摄像头通过同步拍摄和拼接,对接相应的合成算法,可以快速生成 VR 全景图片及视频。

一、双目式

图 2-4　Insta360 one

图 2-5　Insta360 one X

它的最大特点就是体积小。它的大小只有 iPhone 手机的一半左右,机身拥有前后两个镜头,所以被称为双目式。这两个镜头的可视角度都是 210 度,两个镜头拍摄可以自动合成 360 度全景照片及视频。

二、四目式

它的体积增大,机身拥有前后左右四个镜头,所以被称为四目式。四个镜头拍摄可以自动合成 360 度全景照片及视频。

图 2-6　得图　F4

三、六目式

它的体积偏大,需与专业三脚架配合使用,机身拥有六个镜头，所以被称为六目式。六个镜头拍摄可以自动合成360度全景照片及视频。

图2-7   Insta360 Pro2

四、其他一体机

图2-8   其他一体机

　　以上所有类型在使用时需要在手机上下载相对应的 App 连接一体机，一体机可以通过开启陀螺仪功能，转动手机，就能够在 App 内随时查看不同方位的视角。

　　一体机多以鱼眼广角镜头组合为主。一体机的操作方便、幅宽大，但几何尺寸不严格，存在全景畸变、画面不清晰、色彩饱和度偏差、局部画面变焦、拼接错位等一系列问题。

第三节　单反相机

　　单反就是指单镜头反光，即 SLR（single lens reflex），这是当今最流行的取景系统，大多数 35mm 的照相机都采用这种取景器。在这种系统中，反光镜和棱镜的独特设计使摄影者可以通过取景器直接观察到镜头中的影像。因此，摄影者可以准确地看见胶片即将"看见"的相同影像。该系统的"心脏"是一块活动的反光镜（如图 2-9，机身前端的镜头部分），它呈 45 度角安放在胶片平面的前端。进入镜头的光线由反光镜向上反射到一块毛玻璃上。早期的 SLR 照相机必须以与腰齐平的方式把握照相机并俯视毛玻璃取景。毛玻璃上的影像虽然是正立的，但左

图 2-9　单反相机

右是颠倒的。为了校正这个缺陷，现在的眼平式 SLR 照相机在毛玻璃的上方安装了一个五棱镜。这种棱镜将光线多次反射，改变光路，将影像送至目镜，这时的影像就是上下正立且左右校正的了。取景时，进入照相机的大部分光线都被反光镜向上反射到五棱镜，几乎所有 SLR 照相机的快门都直接位于胶片的前面（由于这种快门位于胶片平面，因而称作焦平面快门），取景时，快门闭合，没有光线到达胶片。当按下快门按钮时，反光镜迅速向上翻起，让开光路，同时快门打开，于是光线到达胶片，完成拍摄。然后，大多数照相机中的反光镜会立即复位。

　　单反相机在 VR 全景图片拍摄中以阵列分区拍摄的方式进行拍摄，且在拍摄时要匹配相对应的广角（鱼眼）镜头。

　　单反相机的主要特点是：成片清晰度高，可达到 15K 以上的清晰度，但操作过程相对复杂。

第四节 航拍拍摄设备

无人机(unmanned aerial vehicle 或 unmanned drone)是一个用于描述最新一代无人驾驶飞机的术语。多旋翼无人机凭借优越的适应性，成为当前我国航空摄影的主要拍摄机型。

图 2-10 无人驾驶飞机

无人机的主要特点是：无人机航拍影像具有高清晰、大比例尺、小面积、高显示性的优点，特别适合获取带状地区航拍影像(公路、铁路、河流、水库、海岸线等)；而且无人驾驶飞机为航拍摄影提供了操作方便、易于转场的遥感平台；起飞降落受场地限制较小，在操场、公路或其他较开阔的地面均可起降，其稳定性、安全性好，转场等非常容易。

第五节 辅助设备

一、三脚架

三脚架是用来稳定照相机的一种支撑架，从而达到某些摄影效果，三脚架的定位非常重要。三脚架按照材质分类可以分为木质、高强塑料材质、合金材质、钢铁材质、火山石材质、碳纤维材质等多种。

人们一般在使用数码相机拍照的时候往往忽视了三

图 2-11 三脚架

脚架的重要性,实际上照片拍摄往往离不开三脚架的帮助,比如星轨拍摄、流水拍摄、夜景拍摄、微距拍摄等。无论是对于业余用户还是专业用户,三脚架都是不可忽视的,它的主要作用就是稳定照相机,以达到某种摄影效果。最常见的就是在长时间曝光中使用三脚架:用户如果要拍摄夜景或者带涌动轨迹的图片时,或是需要更长的曝光时间,这个时候,要想相机不抖动,就需要三脚架的帮助。所以,选择三脚架的第一个要素就是稳定。

二、全景云台

首先,全景云台具备一个具有 360 度刻度的水平转轴,可以安装在三脚架上,并可以对安装相机的支架部分进行水平 360 度的旋转;其次,全景云台的支架部分可以对相机前面进行移动,从而达到适应不同相机宽度的完美效果。全景云台是区别于普通相机云台的高端拍摄设备。称其为全景云台的主要原因是此类云台都具备两大功能:第一,可以调节相机节点在一个纵轴线上转动;第二,可以让相机在水平面上进行水平转动拍摄,从而使相机拍摄节点在三维空间中的一个固定位置进行拍摄,以保证相机拍摄出来的图像可以使用全景拼接软件进行三维全景的拼合。

图 2-12　全景云台

在拍摄过程中会用到不同的机器,便会用到不同的辅助工具和不同的软件。例如,GoPro Fusion(一体机)在使用时便会用到其配套软件 App:GoPro。GoPro Fusion 相机是一款小型可携带固定式防水防震的全景 VR 相机,是“GoPro”大家族中的一员,属于唯一可以拍摄全景 VR 图片和视频的机器。GoPro 的相机现已被冲浪、滑雪、极限自行车及跳伞等极限运动团体广泛运用,因而 GoPro 也几乎成为“极限运动专用相机”的代名词,它的特点就是小巧、方便、易携带。GoPro 的创始人兼发明者是尼古拉斯·伍德曼(Nicholas Woodman)。

图 2-13　GoPro Fusion 一体机

图 2-14　GoPro Fusion 配套软件 App：GoPro

第三章　VR 全景图片拍摄及制作

第一节　VR 全景图片概述

一、VR 虚拟现实全景图片概述

"全景"一词出自希腊语,意思是全部的东西、可看见的视野,因此这个词的意思就是全视角。全景图可以运用各种不同的方法制作,包含从 18 世纪至 19 世纪中期的摄影全景到现代的基于计算机图像处理技术的数字全景。

图 3-1　传统全景图

我国传世画作《清明上河图》是广为人知的经典全景图之一,这幅作品属于平面全景,图中的事物之间没有景深关系。

全景,英文名为 Panorama,符合人的双眼正常有效视角(大约水平 90 度,垂直 70 度)或包括双眼余光视角(大约水平 180 度,垂直 90 度)以上乃至 360 度完整场景范围拍摄的照片,都叫全景。我们这里所说的是 VR 全景。VR 全景是一种基于图像绘制技术生成真实感图形的虚拟现实技术。它是通过相机环绕四周拍摄的一组或多组照片拼接成的全方位图像。

图 3-2　VR 全景平面展示图 1

图 3-3　VR 全景平面展示图 2

二、VR 虚拟现实全景的分类

对象全景：特指对单一物体进行各个角度环绕拍摄，最终拼合而成的全景照片。一般仅用于商品物件展示。

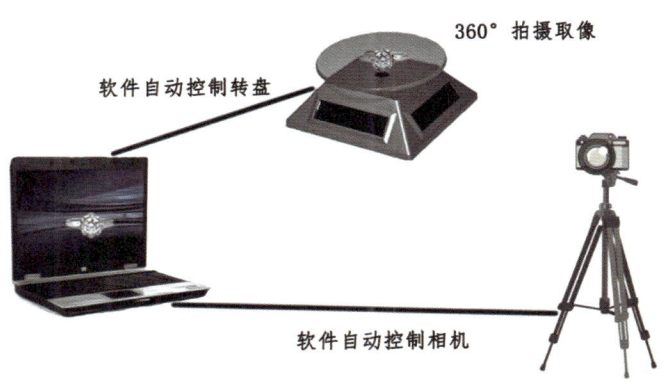

图 3-4　对象全景示例图

　　柱形全景：是通过相机做轴心运动拍摄而成的照片。传统的光学摄影全景照片是把 90 度至 360 度的场景全部展现在一个二维平面上，把一个场景的前后左右一览无余地推到观众的眼前，但无法看到完整的天地。

图 3-5　柱形全景示例图

　　球形全景：也就是所谓的"完整"全景，它在柱形全景的基础上将头部和脚底都完全展现在观众的眼前。

图 3-6　球形全景（VR）局部示例图

随着数字影像技术和 Internet 技术的不断发展，用户可以通过专用的平台或 VR 设备获得身临其境的感觉，可左可右，可近可远。

图 3-7　球形全景（VR）示例图

VR 虚拟现实全景可用于房屋销售，购房者在家中即可仔细检查房屋的各个方面，提高潜在客户的购买欲望；也可用于旅游风景区，以优美的 360 度全景给游客以身临其境的感觉。

三、VR 虚拟现实全景的特点

第一，全视角：视界范围覆盖四面八方、天上地下的全部内容。

第二，自主性：多主题摄影，整体呈现，自主审美。

第三，可交互：仿真 3D 环境，动态欣赏，自由操控。

第四，多延展：多媒体平台，强化展示，拓展容量。

第二节　VR 全景图片单反拍摄数据及要求

全景图片拍摄用全景相机虽然方便，但受限于目前的技术，其拍摄的全景影像还有很多欠缺，比如画面不清晰、色彩表现不好、局部画面变焦、拼接接缝明显等问题。

如果要拍出更高画质的全景图片，用户可以选择用单反相机进行拍摄拼接，拍摄时需要用到装有鱼眼镜头的数码单反相机、全景云台、三脚架、无线遥控器、内存卡等。

拍摄时需要按照固定的标准拍摄。单反拍摄全景以阵列分区拍摄的方式进行拍摄，以图像拼接的方式进行拼接合成。拍摄时，相邻图像之间会有 30% 以上的重叠区域。

表 3-1　不同焦距的数码相机相关参数

等效焦距(mm)	全画幅视角	转动幅度	行数 (单位:行)	列数 (单位:列)	拍摄素材量 (单位:张)
8mm	180 度	水平 120 度	1	3	3—5
15mm	110 度	水平 60 度，垂直 45—60 度	2—3	6	9—20
18mm	100 度	水平 60 度，垂直 45—60 度	2—3	6—7	14—20
24mm	85 度	水平 45 度，垂直 30—45 度	3	8—9	27—35
30mm	70 度	水平 30 度，垂直 30 度	4—5	12	55—62
50mm	46 度	水平 15 度，垂直 15 度	6—8	24	80—120
100mm	25 度	水平 10 度，垂直 10 度	10 以上	36	200 以上

第三节　VR全景图片拍摄步骤

一、单反相机拍摄全景图片步骤

第一步，将云台组装起来，连接到三脚架上，并检查是否牢固。

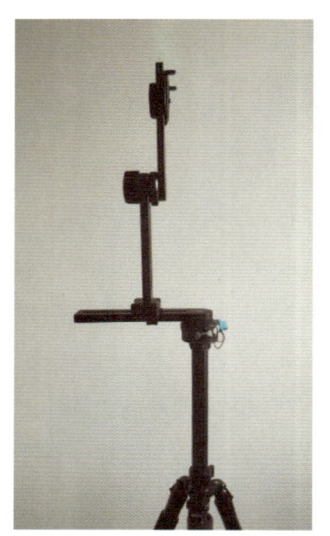

图 3-8　单反拍摄全景示范步骤 1

第二步，调整好全景云台后，连接相机。节点与三脚架的中轴处于同一条直线上。

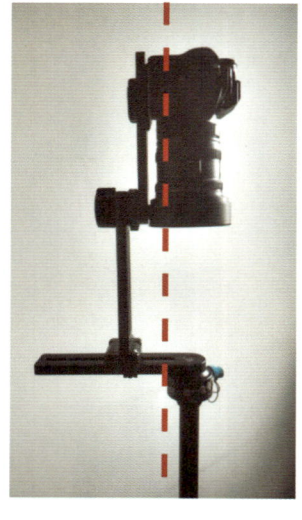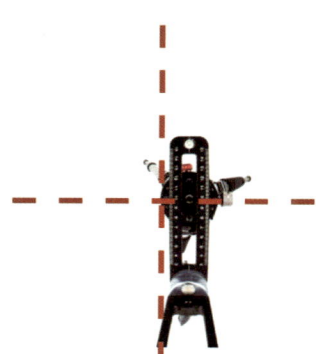

图 3-9　单反拍摄全景示范步骤 2

要保证补地时不会产生视差,拍摄时重心要处于三脚架的中轴上,整体稳定。在垂直补地时,若重心不稳,相机容易坠落。

第三步,节点选择(镜头的几何中心位置)。调整相机位置,将节点置于合适的位置上,保证各个角度拍摄的图像不会产生视差现象。

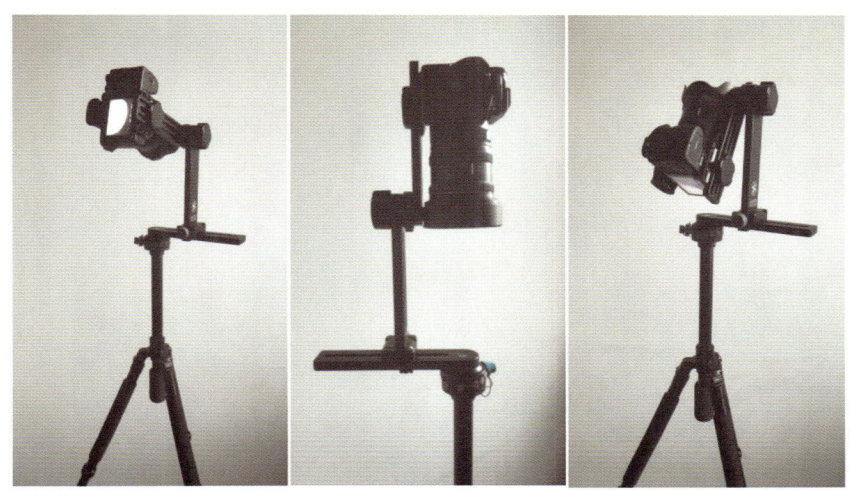

图 3-10　单反拍摄全景示范步骤 3

完成仰天、俯地、水平、补天、补地等内容拍摄。

二、全景一体机拍摄全景图片步骤

全景一体机拍摄照片相对简单,大多数只需要相机与手机之间相互配合,相机连接手机蓝牙 WiFi,并在 App 内控制拍摄、实时浏览画面、实时校准、实时拼接,通过手机操控便可一键完成拍摄。

图 3-11　全景一体机

三、航拍拍摄全景图片步骤

无人机拍摄全景用的也是以阵列分区拍摄的方式，但与单反拍摄不完全相同，无人机拍摄是由无线图传遥控拍摄完成的。具体步骤是：

将无人机升至 50 米处悬停。

将云台调到水平视角，开始拍照。

水平拍摄一圈（8 张照片），每一张照片至少有 20％的重合度。

将云台向下调整 45 度，拍摄一圈（8 张照片），每张照片至少有 20％的重合度。

最后将云台调整垂直，拍摄 1 张地面照片。

图 3-12　航拍拍摄全景示范

图 3-13　全景图片——江西省婺源县

第四节　VR 全景图片拍摄注意事项

VR 全景图片拍摄过程中会遇到各种因准备不足而导致的失误以及各种突发状况。那么,如何有效规避这些风险呢?

一、地面拍摄全景图片注意事项

(一)拍摄开始前

1. 资料准备

地理位置、基本情况、天气、建筑环境、生产环境等。

2. 器材准备

单反、全景相机、无人机及相关配件。

3. 拍摄对接

去现场前明确是否需要相关单位协助。如果需要,提前对接。

4. 实地勘景

到达目的地后,根据环境标注环境特色,记录问题区域。

5. 计划制订

明确项目拍摄目的、内容、方式、需求和工期等。

(二)拍摄进行中

1. 选点

(1)规避器材反光

架设机位时应注意设备四周有无反光面或反光材料,如果反光面过多无法完全躲避时,拍摄者应尽量将设备架设在反光面的边框延伸线上,边框要保证不是反光材质。

(2)视野最大化

选择开阔地带,避免视觉死角,较高的遮挡物或建筑附近无满足条件的点位设置时,拍摄者要尽量将设备设在高点上以保证视野范围。

(3)天气情况

提前查看天气情况,避免阴天、雾天、雨天及大风天,避免在过早的清晨、正午进行日景拍摄,避免在19点进行夜间拍摄(除特殊需求外)。

（4）拍摄内容选择

对于一个场所,首先考虑的是哪些内容是需要表现出来的,它最主要的建筑主体是什么,哪些是必须拍的,那些是可拍可不拍的;拍摄者需要记录拍摄主体详情、建筑附近有什么、它的景色名称及介绍性文字等。

2. 拍摄

（1）三脚架

拍摄者要注意三脚架高度的调整及其稳定性,避免视角偏高偏低、设备摔倒等拍摄事故发生。拍摄者在拍摄时请勿转动变焦环,要保证焦距一致,保证全景云台各旋钮锁死,以免晃动甚至摔落。

（2）相机参数

在调整相机参数时,拍摄者要观察拍摄周围情况,结合实际参数进行相应调整,避免发生曝光过度、曝光不足和偏色等问题。

（3）素材区分

在用设备拍摄时要做好每组素材之间的区分,以免漏拍缺景的拍摄事故发生。

（三）拍摄结束后

1. 检查素材

拍摄结束后,拍摄者要检查素材是否拍摄完整,避免出现后期素材不足又无法后补的拍摄事故。

2. 检查设备

结束所有拍摄事宜后,拍摄者要检查设备是否完善、设备电源是否关闭等。

3. 电量补充

拍摄完成后,设备电量要及时补充,以防止再次拍摄时出现电量不足的情况。

4. 储存卡清理

在将素材导出并且保存后,储存卡中的素材应尽快清理,防止再次拍摄时出现内存不足的情况。

二、航拍拍摄全景图片注意事项

借鉴地面拍摄注意事项,航拍拍摄全景图要注意以下几点。

(一)拍摄开始前

1. 场地考察

拍摄者在拍摄之前对拍摄场地进行考察，要注意远离禁飞区。国内多数城市都有禁飞区(比如机场附近、中心城区等)。拍摄者在景区拍摄时要提前了解景区状况，判断其是否适合拍摄，尽可能不要在水域面积较大的湖面、雪地或者海拔较高的山里飞行，因为大面积的水和雪都会影响无人机的信号，失控的可能性非常大。

2. 电量设置

设置电池电量提醒。根据设备本身情况合理设置提醒，在电池电量剩余25%左右时，或者遥控器发出警报时，要迅速返航。每次起飞之前，拍摄者要确保无人机电池以及遥控器都有足够的电量。长时间不使用无人机时，要定期给无人机充电。

3. GPS 设置

飞行之前校正GPS。无人机机身带有GPS定位，拍摄者每次拍摄前要刷新导航点，检查螺旋桨是否正常。

(二)拍摄进行中

拍摄者要进行无人机高度选择。根据之前调查情况，无人机飞至一定高度要悬停。拍摄者在拍摄时要注意保持无人机的平稳。

(三)拍摄结束后

此处可参考地面拍摄注意事项。

第五节　VR全景图片后期制作

一、全景地面图片合成

以下教学课程适用于以阵列分区为拍摄方式的全景图片的后期教学。

(一)图片导出合成

这里主要讲解如何用 Kolor Autopano Giga 来完成每组素材的初步合成。

Kolor Autopano Giga 是一款功能超强的全景图合成制作软件，主要用于创造全景、虚拟旅游和 Gigapixel 图像，在短时间内可以将多张图片缝合为一张360度视角的全景图，制造出类似3D图片的效果，还可将其制作成 Flash 虚拟图片，直接在互联网上和朋友分享。Kolor Autopano Giga 软件是构建于 Kolor Autopano Pro 基础之上的，在拥有其所有功能的同时，还支持 100 多种文件格式的输入，带有自动图片检索和色彩校正功能，其关键在于能通过点编辑器来控制和管理复杂的操作，这款中文版软件能方便许多用户的使用。

这款软件的使用步骤如下：

打开软件 Kolor Autopano Giga（软件）。

图 3-14　Kolor Autopano Giga 图标

点击软件界面中的"选取图像"（红色圈住的图标），找到并且选中需要合成的图片（一组图片）。

图 3-15　全景图后期制作拼接步骤 1

点击软件界面中的检测（红色圈住的图标），软件会自动检测合成全景图片。

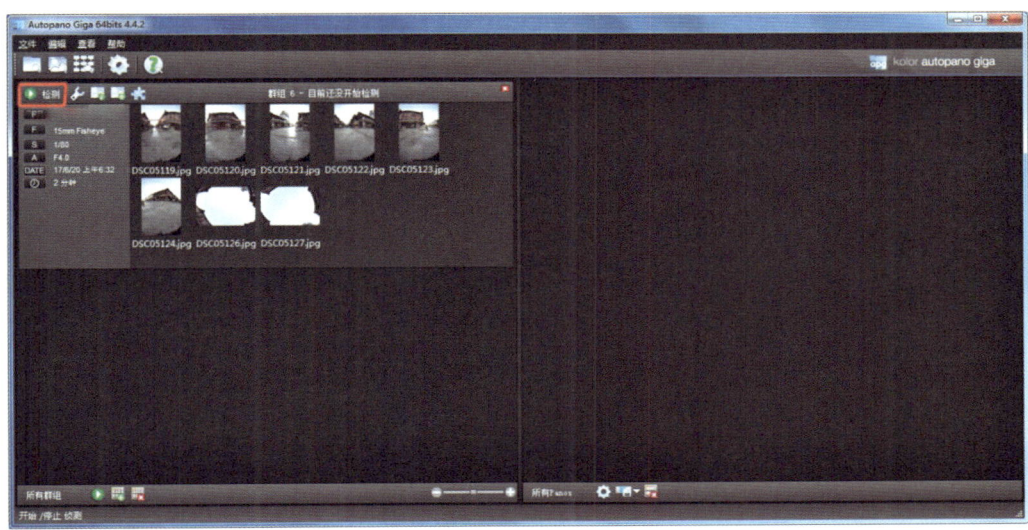

图 3-16　全景图后期制作拼接步骤 2

合成好的全景图片会在软件界面右侧呈现，双击合成好的全景图，放大全景图（红色圈住的区域）。

图 3-17　全景图后期制作拼接步骤 3

点击软件界面中红色圈住的按键,界面左边会出现变形数值框。

图 3-18　全景图后期制作拼接步骤 4

在软件界面的变形数值框的 Roll 内输入数值 90 点后,点击 Transform,界面右侧图片会变成和图 3-19(示范图)一样的角度。

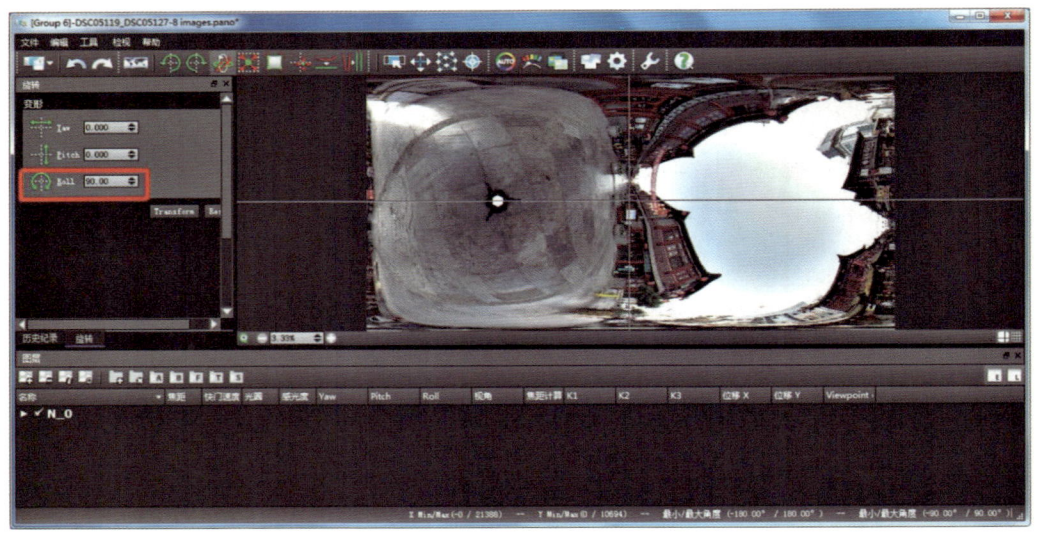

图 3-19　全景图后期制作拼接步骤 5

点击软件界面上的渲染按键,渲染输出旋转后的全景图。

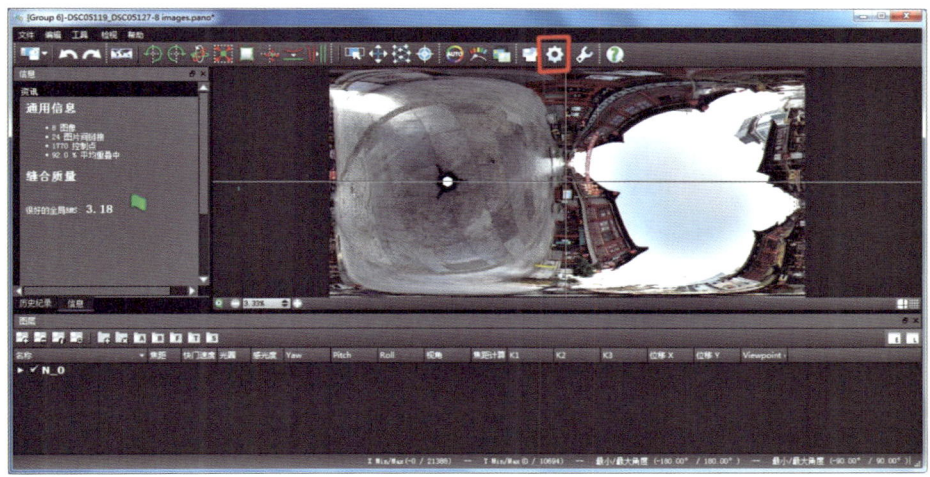

图 3-20　全景图后期制作拼接步骤 6

将按下渲染键后弹出对话框中的宽度改为 12 000,高度会自动变更为 6 000,用户在输出对话框内选择"保存路径"和"重新命名图片"后点击"渲染"。

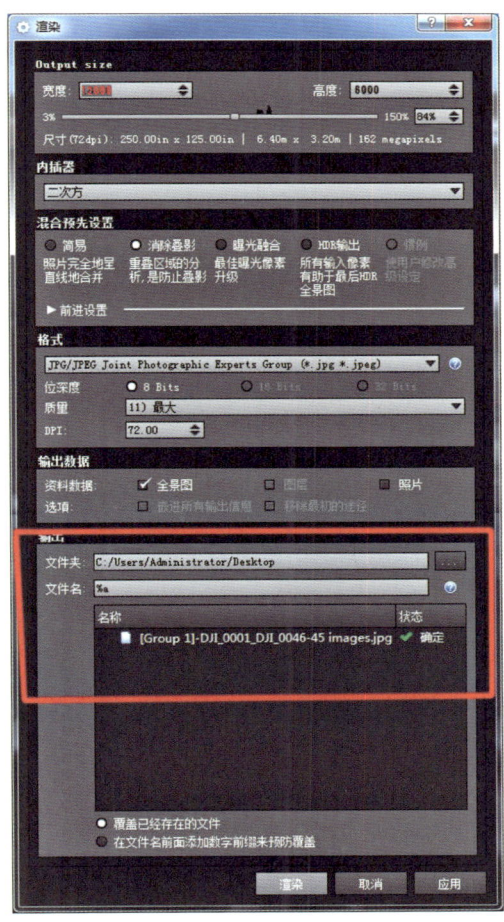

图 3-21　全景图后期制作拼接步骤 7

(二)图片整体修复

图片在拼接完毕后，会存在一些问题，比如亮度和对比度不完美、图片接缝处有明显色差和错位、由于真实场景的瑕疵使画面看起来不美观等，这就需要用户使用专业的修图工具来完善。俗话说细节决定成败，这就相当于演员上台之前要画一个完美的妆容一样，图片细节处理得好坏直接影响到作品的质量和观察者的心情。修图软件有很多，这里主要讲解如何用 Adobe Photoshop 软件，将初步合成的图片中的脚架做修复处理。

Adobe Photoshop，简称"PS"，是由 Adobe Systems 开发和发行的图像处理软件。Adobe Photoshop 主要处理以像素构成的数字图像。用户使用其众多的编修与绘图工具，可以有效地进行图片编辑工作。PS 有很多功能，在图像、图形、文字、视频、出版等方面都有涉及。

图 3-22　PS 图标

用户打开 Adobe Photoshop 软件，找到上一步用 Autopano Giga 里合成并保存的全景图片，打开。

图 3-23　全调悬图后期美工步骤 1

在软件界面左侧工具栏找到"套索工具"（快捷键"L"），用套索工具将全景图中的脚架选中。

图 3-24　全调悬图后期美工步骤 2

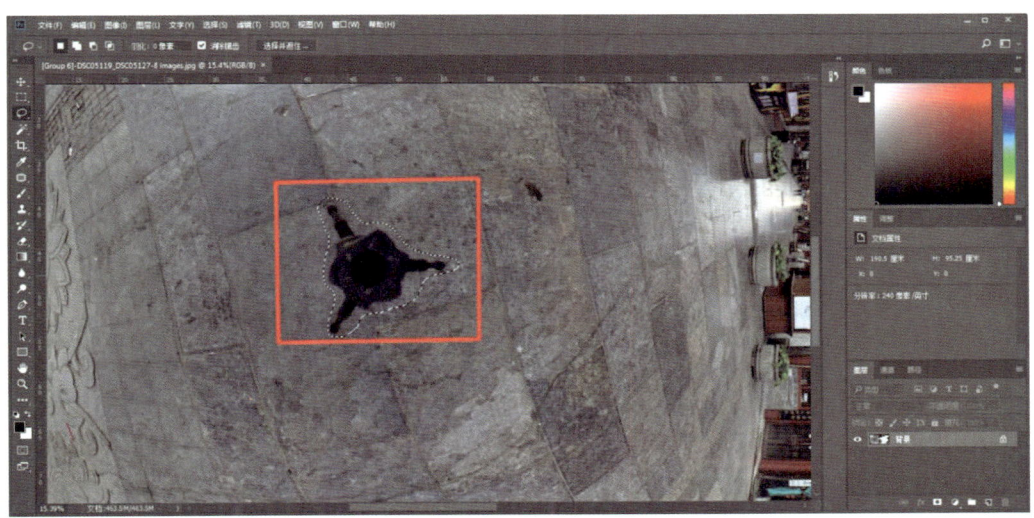

图 3-25　全调悬图后期美工步骤 3

在软件界面的上方菜单中找到"编辑"中的"填充"（快捷键 Shift＋F5）。

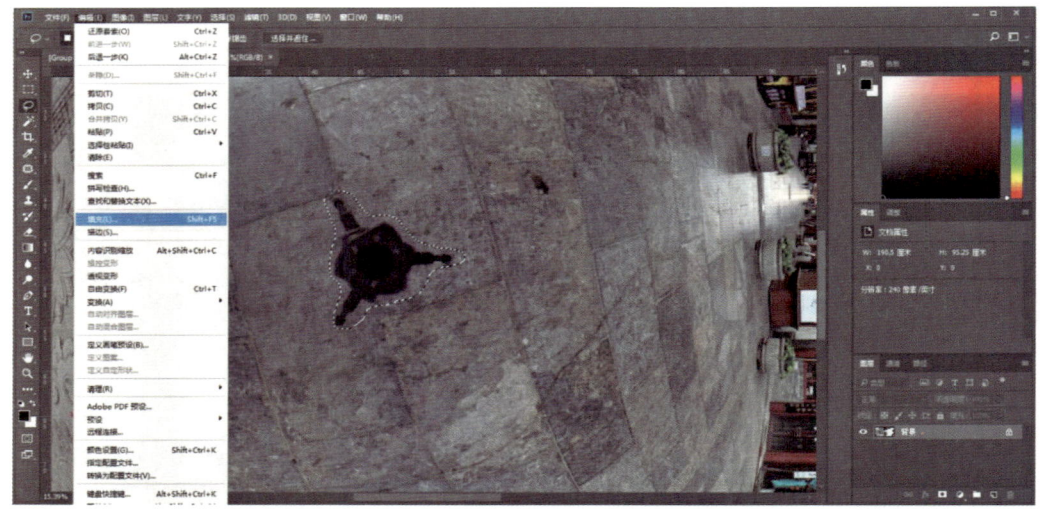

图 3-26　全调悬图后期美工步骤 4

点击填充后会出现对话框（如图 3-27 所示），内容选择（内容识别）"不透明度"，（100％）点击"确定"，脚架消失，保存图片。

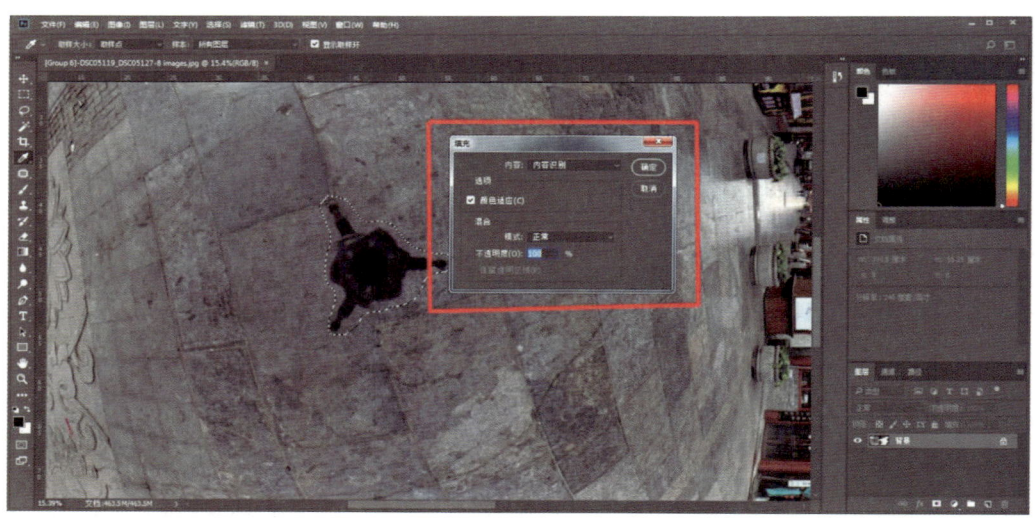

图 3-27　全调悬图后期美工步骤 5

（三）图片角度调整

这里主要讲解如何用 PT Gui 完成图片角度的最终选定。

图 3-28　PT Gui 图标

PT Gui 是一款拼接软件，用于将照片拼接成全景图像。PT Gui 在 Windows 和 Mac 上都可运行。

打开 PT Gui 软件，点击"加载图像"，找到上一步已去掉脚架并保存的全景图。

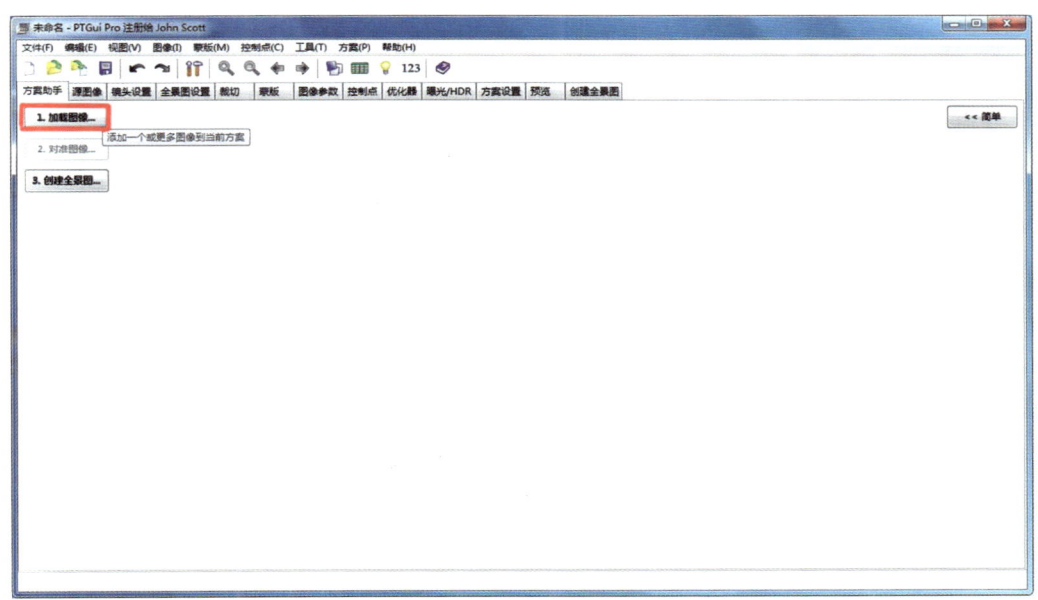

图 3-29　全景图后期角度调整步骤 1

在软件界面的上方菜单中找到工具中的"全景图编辑器"（快捷键 Ctrl＋E）。

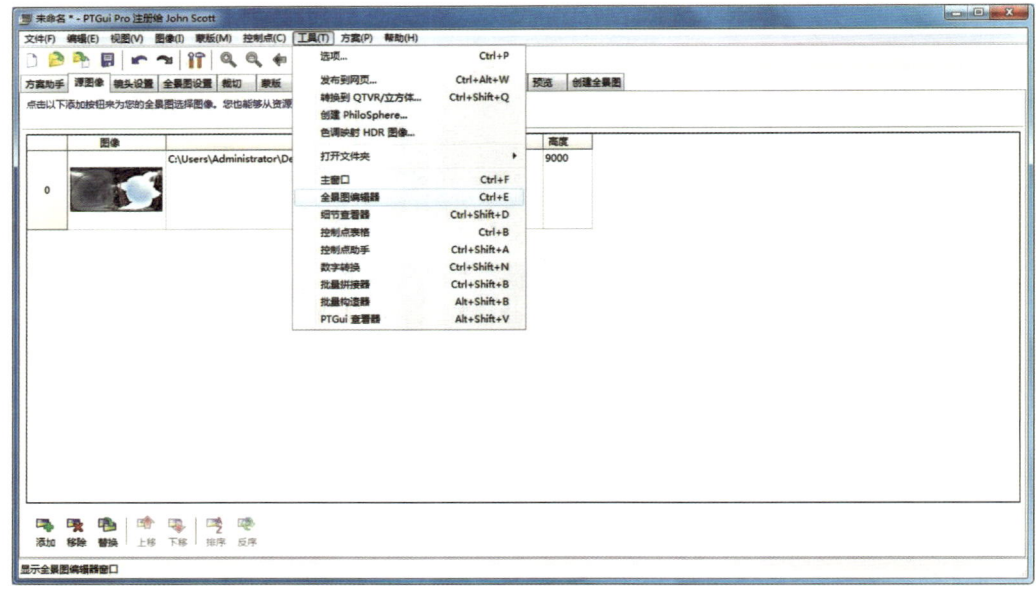

图 3-30　全景图后期角度调整步骤 2

点击后出现对话框(如图 3-31 所示)。

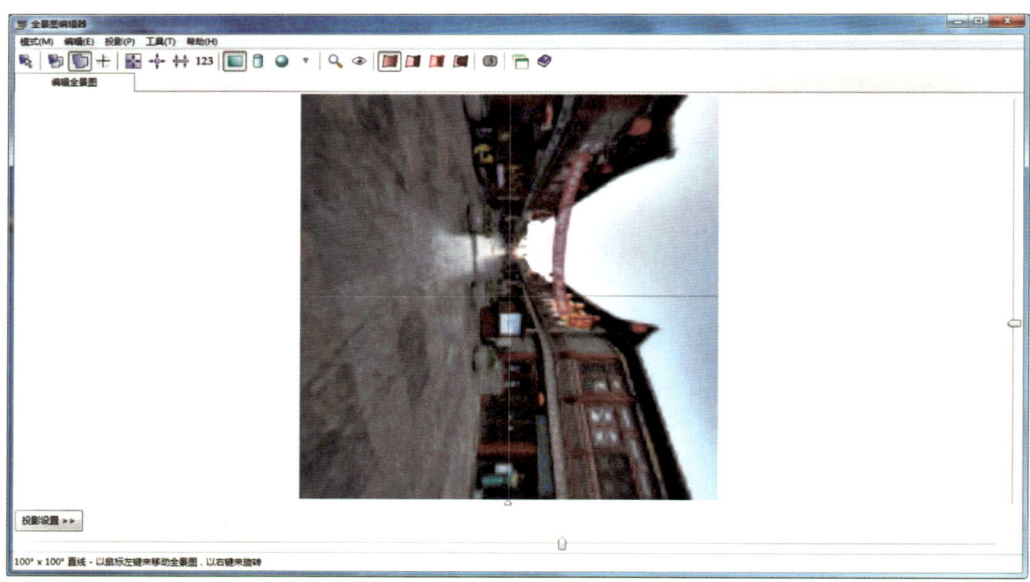

图 3-31　全景图后期角度调整步骤 3

点击软件界面的球形图标,将界面中右侧和下方可移动按键向下向右拖拽到最大(如图 3-32 所示)。

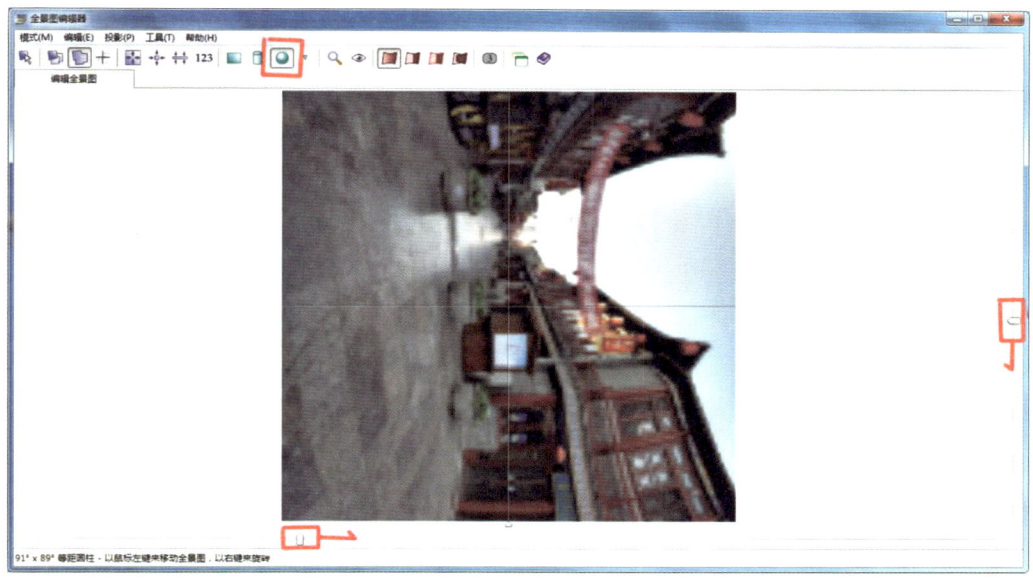

图 3-32　全景图后期角度调整步骤 4

点击界面中的"123"，在弹出的对话框中"Z轴方向填写数值90"，点击"应用"。

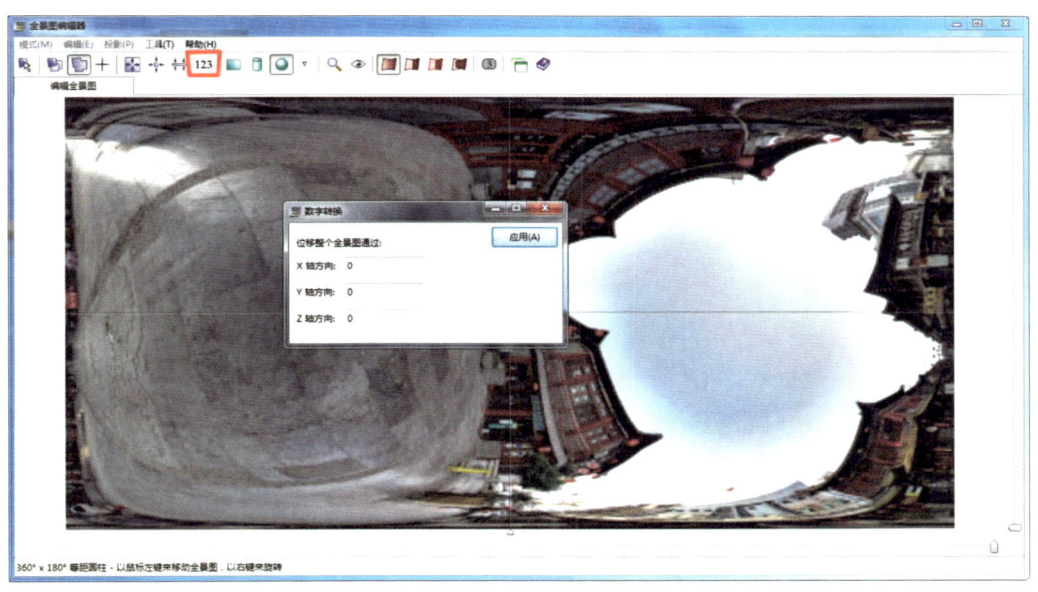

图 3-33　全景图后期角度调整步骤 5

全景图会旋转至与图 3-34 所示范的一样的方向。若与图 3-34 所示不一致，便重复上一步，直到与下图方向一致为止。

图 3-34   全景图后期角度调整步骤 6

关闭全景图对话框，回到最初的对话框。

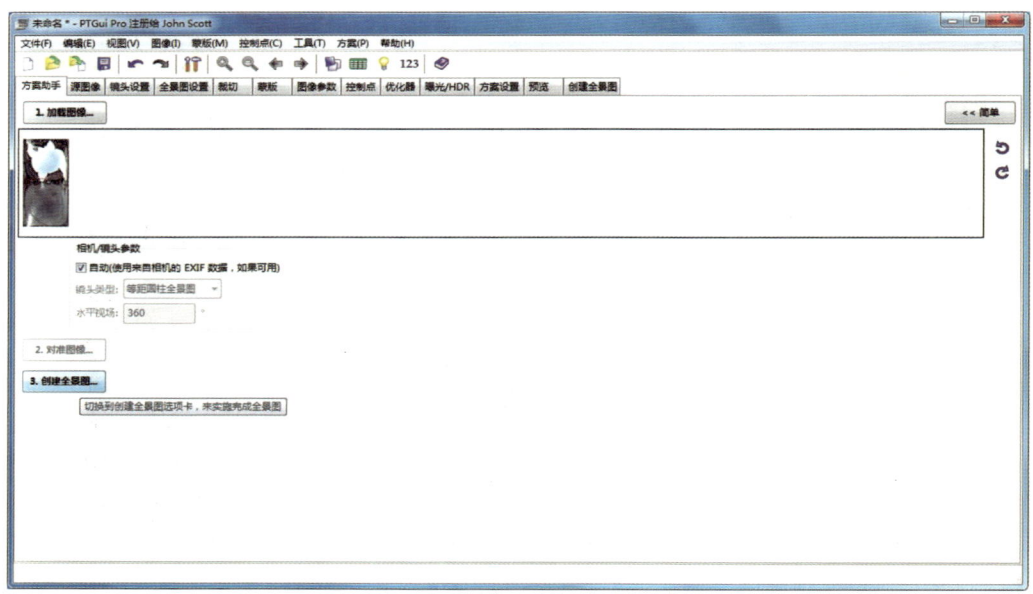

图 3-35   全景图后期角度调整步骤 7

选择创建全景图，宽度 12 000，高度 600。

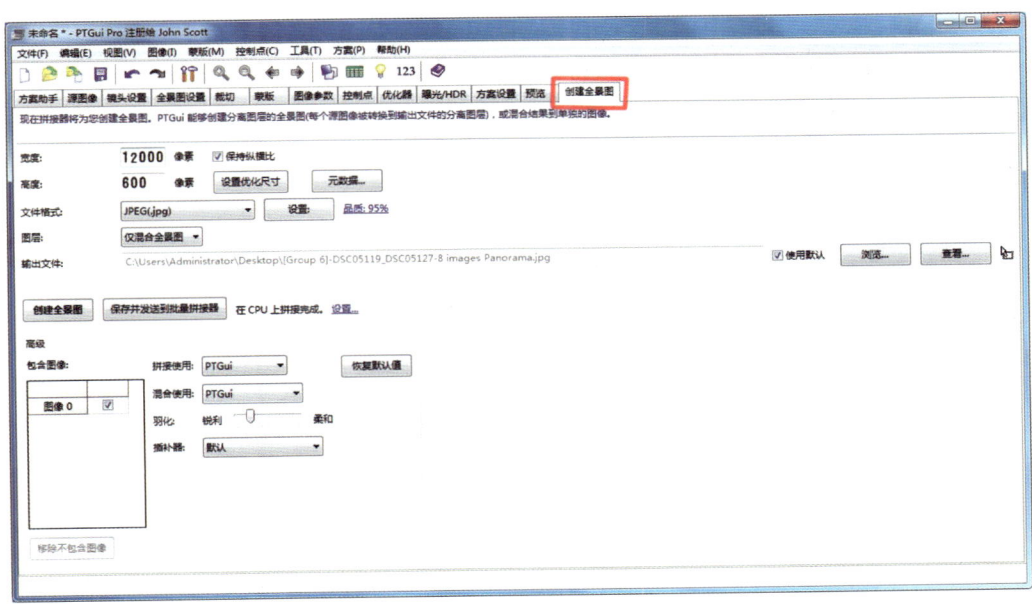

图 3-36　全景图后期角度调整步骤 8

输出文件选择，选择保存文件地址（使用"默认会替换掉原图片"）。

（四）图片颜色调整

这里主要讲解如何用 Adobe Photoshop Lightroom，完成图片的最后一步——调色。

图 3-37　Lr 图标

Adobe Photoshop Lightroom 是 Adobe 研发的一款以后期制作为重点的图形工具软件，是当今数字拍摄工作流程中不可或缺的一部分。其完善的校正工具、强大的组织功能以及灵活的打印选项可以帮助用户加快图片后期处理速度。

打开 Adobe Photoshop Lightroom 软件，打开上一步修改好并保存的全景图，先点击"修改照片"，软件界面右侧会出现调整页面，根据全景图的需求调整图片的明暗、色调、色温及饱和度等。

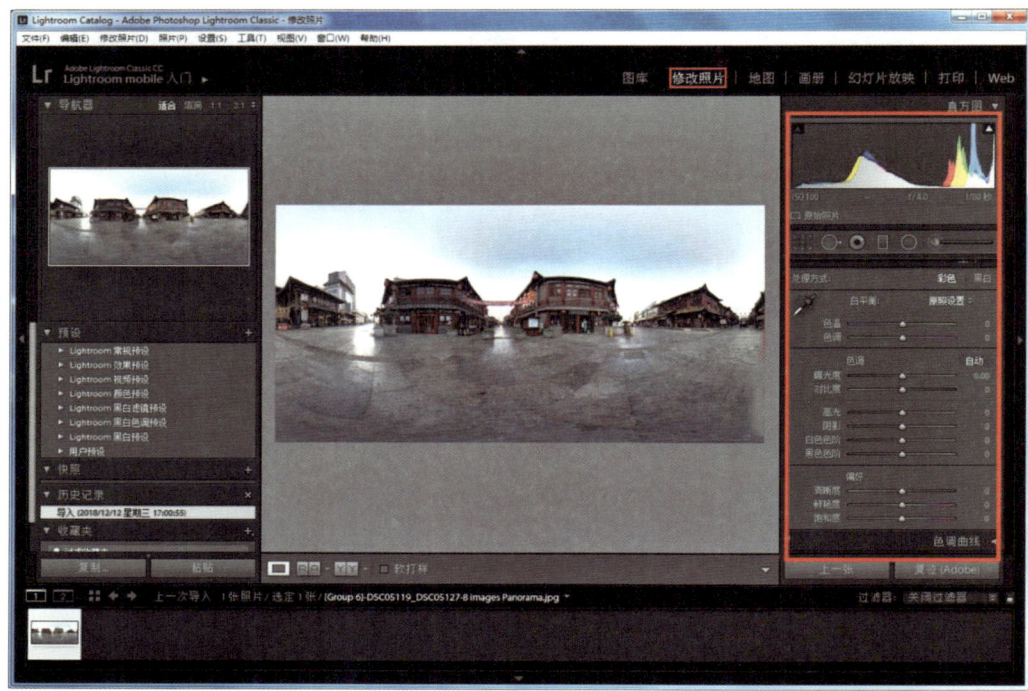

图 3-38　全景图后期调色步骤 1

调整好图片后，打开软件界面菜单上文件中的"导出"（快捷键 Ctrl＋ Shift＋E），将图片导出。

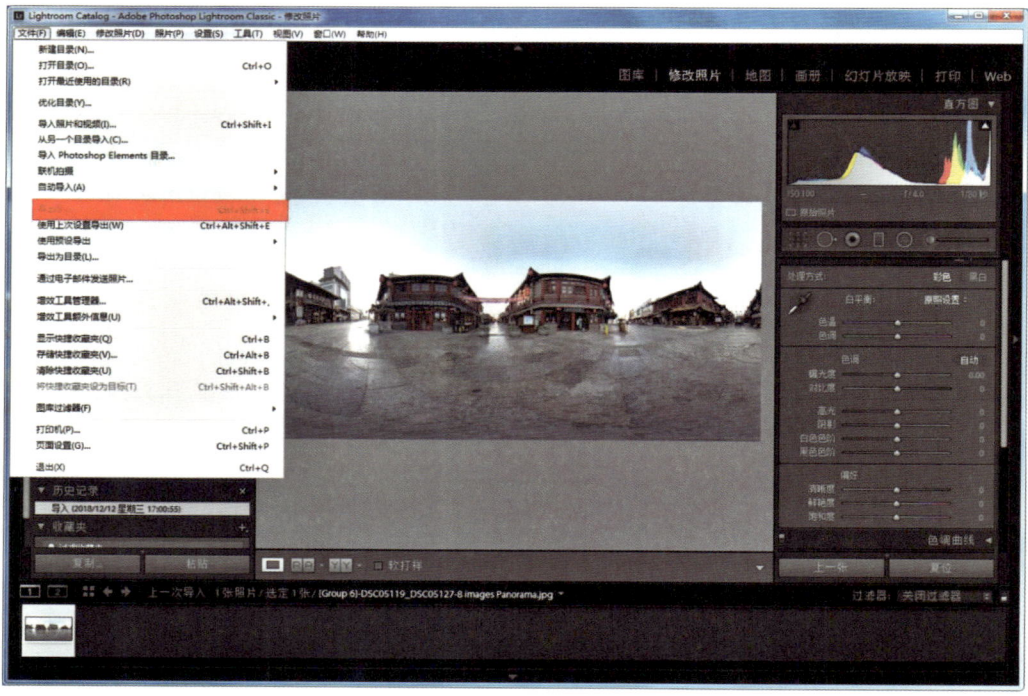

图 3-39　全景图后期调色步骤 2

　　弹出对话框,若要导出到指定文件夹,需在导出位置中设置;若要默认,则直接保存在开头打开图片的位置。

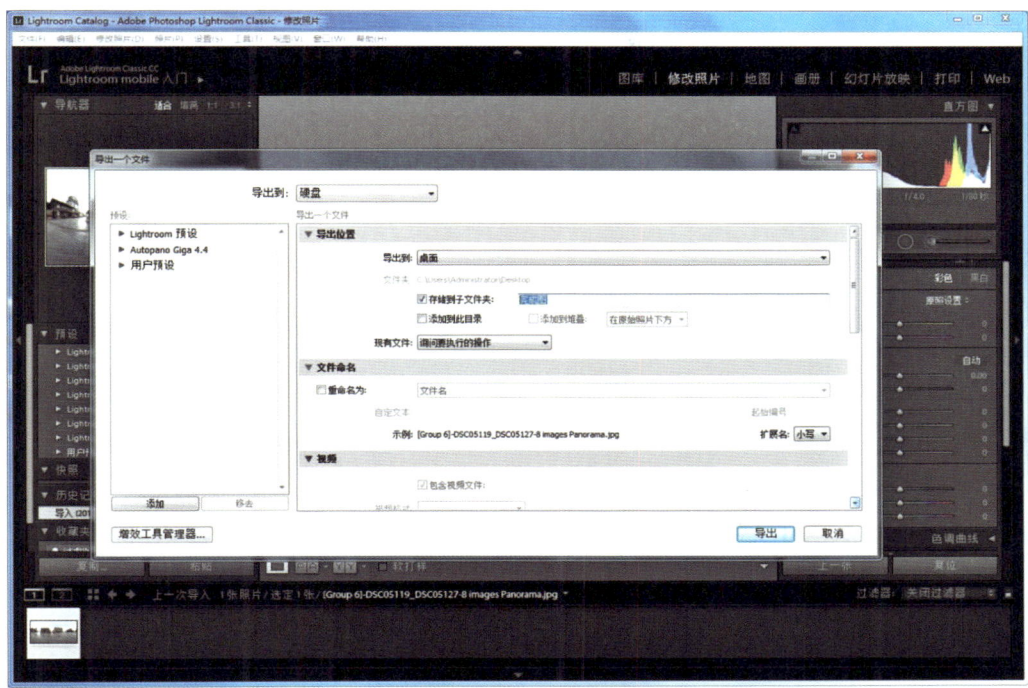

图 3-40　全景图后期调色步骤 3

　　保存结束后,全景地面图制作的整个后期步骤便完成了。

图 3-41　全景图后期制作成片示例

二、全景航拍图片合成

以下教学课程适用于航拍方式的全景图片后期教学。

(一)图片导出合成

这里主要讲解如何用 Kolor Autopano Giga 来完成每组素材的初步合成。

打开 Kolor Autopano Giga 软件。

点击软件界面中的选取图像(红色圈住的图标)，找到并选中需要合成的航拍图片(一组图片)。

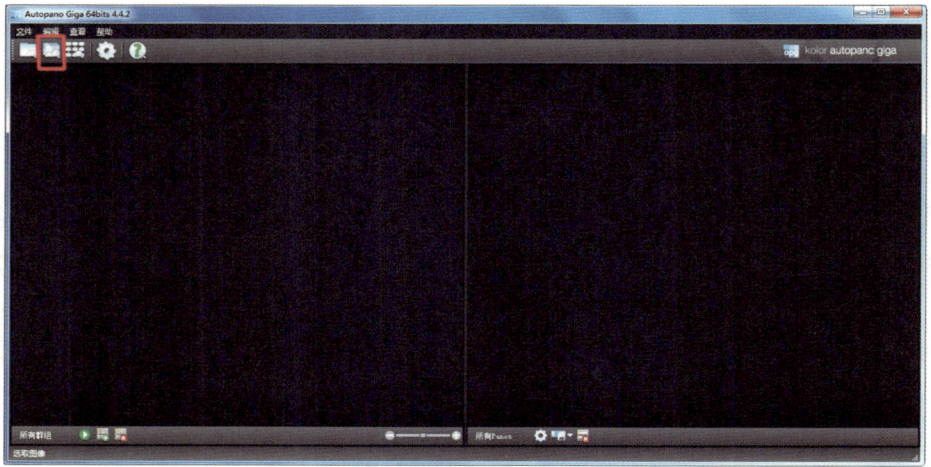

图 3-42　航拍全景后期拼接步骤 1

点击软件界面中的"检测"按键(红色圈住的图标)，软件会自动检测合成全景图。

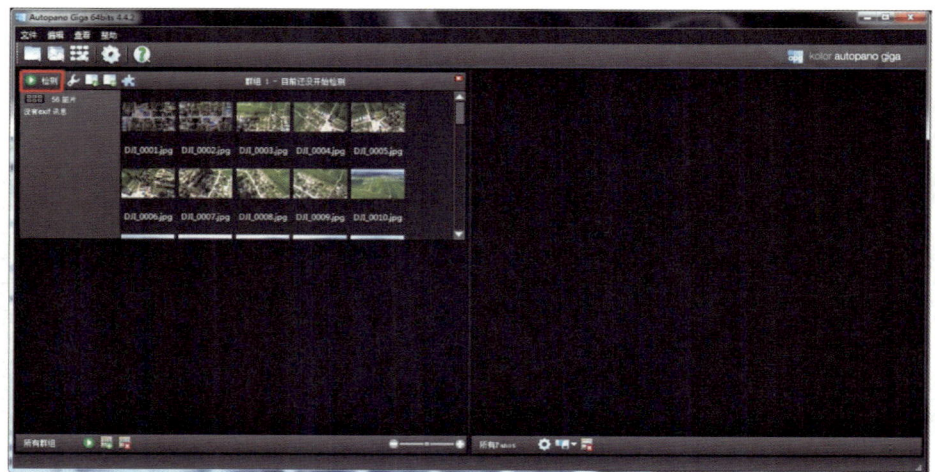

图 3-43　航拍全景后期拼接步骤 2

合成好的全景图片会在软件右侧呈现。双击,将全景图放大。

图 3-44　航拍全景后期拼接步骤 3

点击软件界面中的"渲染"按键(红色圈住的图标),渲染输出全景图。

图 3-45　航拍全景后期拼接步骤 4

将按下"渲染"键后弹出对话框中的宽度数值设置为 16 000,高度为默认值。在对话框内选择保存路径和重新命名图片后点击"渲染",而后保存。

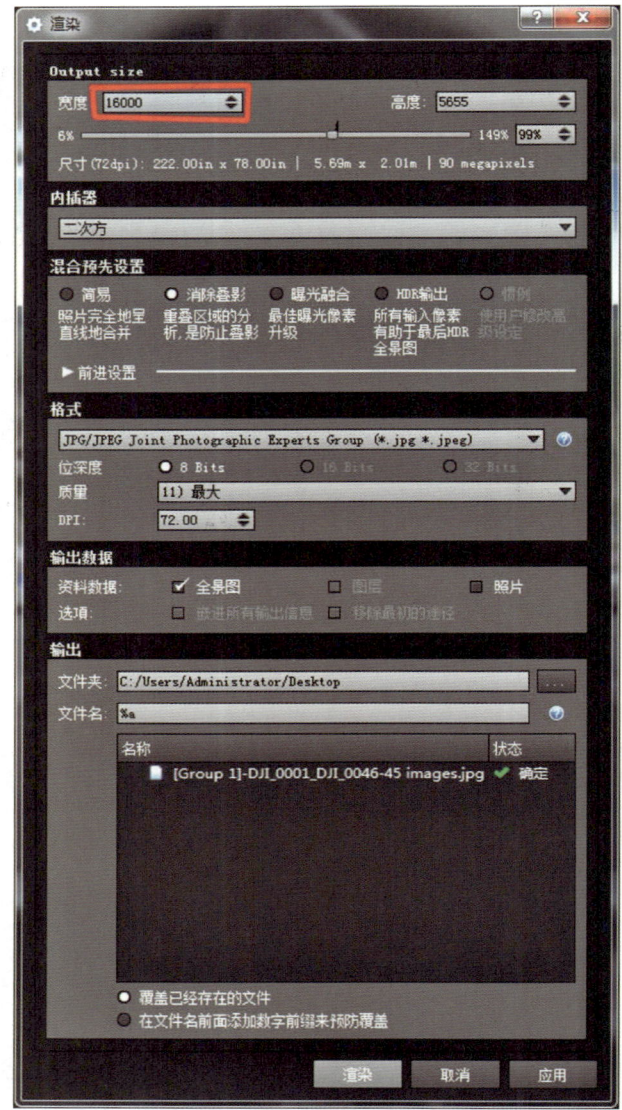

图3-46　航拍全景后期拼接步骤5

(二)合成图补天

这里主要讲解的是如何用 Adobe Photoshop 将初步合成的航拍全景图片中缺失的天空进行修补。

打开 PS 图标。

打开已合成并保存的全景图片。

图 3-47　航拍全景后期补天步骤 1

点击软件界面工具栏中的"图像"→"画布大小"（红色圈住的图标），快捷键为 Alt＋Ctrl＋C。

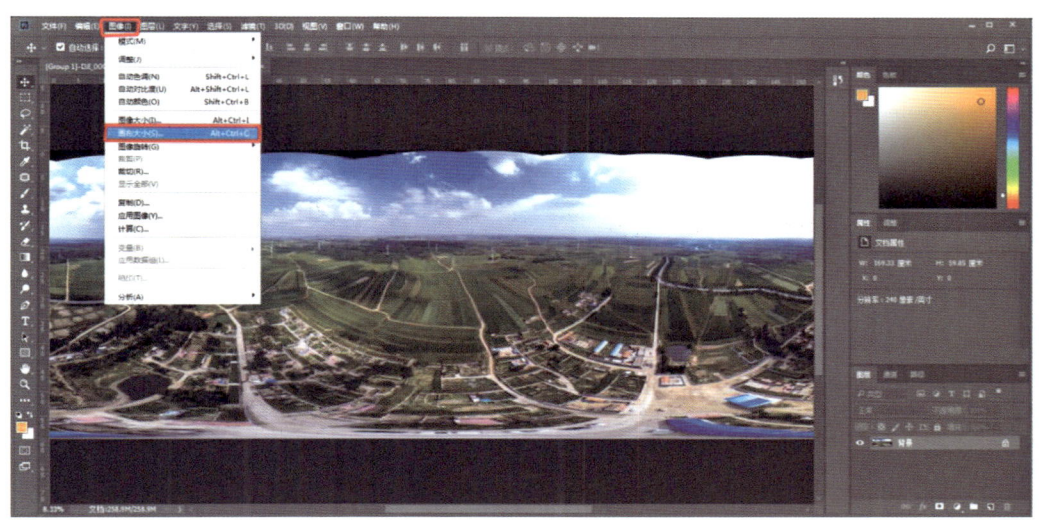

图 3-48　航拍全景后期补天步骤 2

在弹出画框内，调整画布数值。宽度数值不变，高度数值为宽度的 1/2。全景图的比例为 2：1，航拍图在拍摄时因无法完全拍摄天空，所以需要在 PS 里调整图片的尺寸后，进行后期补天。定位选择向下的箭头，点击"确定"。

图 3-49   航拍全景后期补天步骤 3

　　点击软件界面中的矩形选框工具（快捷键 M），将图中补出的白色区域及一部分天空选中。

图 3-50   航拍全景后期补天步骤 4

图 3-51 航拍全景后期补天步骤 5

打开天空素材，选择和图片相似的天空图片。

图 3-52 航拍全景后期补天步骤 6

将选好的天空素材放入原全景图中。调整大小及位置，并将天空图层放于全景图层下。

图 3-53   航拍全景后期补天步骤 7

点击软件界面中的橡皮擦工具，将全景图中保留下的天空擦除，直至与天空图层相融合。

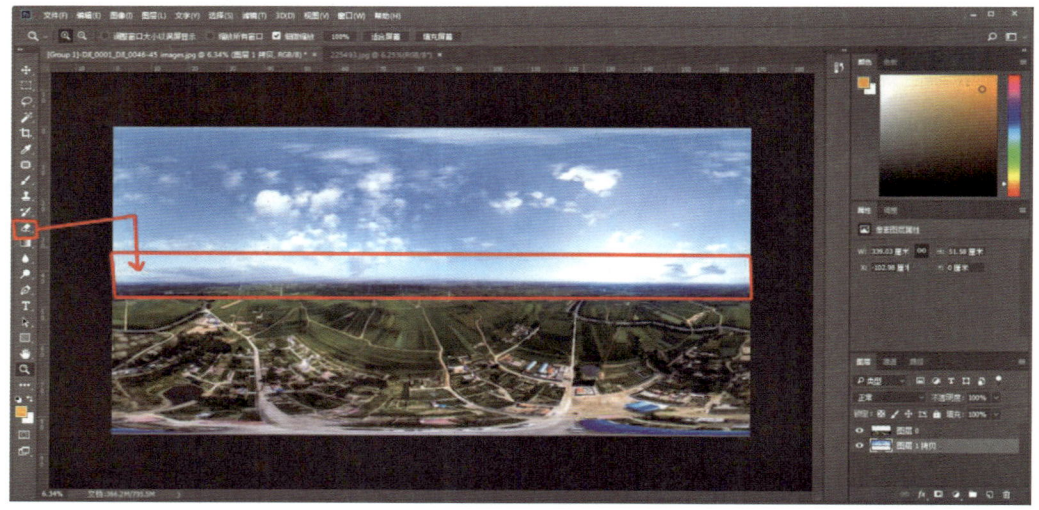

图 3-54   航拍全景后期补天步骤 8

点击软件界面工具栏中的文件——储存为快捷键 Shift＋Ctrl＋S，保存已做好的图片（图片格式为 jpg.）。

保存结束后，全景航拍图制作的后期步骤便完成了。

图 3-55　航拍全景后期制作成片示例

三、后期平台上传

(一)平台介绍

全景平台是通过上传全景数据来实现全景展示的网站。

在全景行业,大多数是将制作好的全景成品上传至统一的全景平台来展示全景的,以方便管理和运营,现下市场上有很多这样的平台。

例如:720yun(https://720yun.com/)是由微想科技开发的全景平台;UTO VR(https://www.utovr.com/)是由上海优土视真文化传媒有限公司创建的全景平台;未来云(https://www.720n1.net/)是由北京先行未来云科技有限公司创建的全景平台。

全景平台展示可以提高宣传效率。目前传统行业主要的宣传方式大多还是图片和视频,随着科技的发展,传统图片和传统视频已经无法满足人们对产品真实信息的需求,而利用全景图片和全景视频则可以实现实物产品和环境的逼真化再现,给人以更直观和真实的感受。

市面上网站的功能都大致相同,可以嵌入网站、微信小程序、公众号和 App 等;可以独立地运营管理,功能齐全;可以根据行业的不同需求来定制。

以下以未来云(https://www.720n1.net/)全景平台为例来展开课程内容演示。

(二)上传图片

打开网站 https://www.720n1.net/,注册会员,点击会员名下拉菜单中"我的作品"。

进入"我的作品"，点击右侧"作品发布"，点击界面中全景图下对话框中的加号，添加上传作品（可同时添加多个作品一起上传）。

图 3-56   示例平台

上传完成后：

（1）在作品名称里给作品起名。

（2）在是否发布里选择"公开"。

（3）在选择行业里选择"上传作品的行业"。

（4）在作品标签里选择"航拍商业等"。

（5）在作品地区里选择"全景图所拍摄作品的省市"。

封面则是上传一张作品的封面图，全部选择完成后点击"发布"。

（三）热点链接及内容添加

作品发布时会出现如图 3-57 所示的界面。菜单栏中的第三个热点主要是做全景图时所用的热点链接，其中分布为内嵌热点和基本热点。

我们用到的是基本热点有：

（1）场景漫游功能，主要是将每个场景相互链接。

（2）超链接功能，主要是在场景中增加网址链接。

（3）物品 3D 功能，主要是在场景中增加单个物位的环位链接。

（4）图文信息功能，主要是在场景中增加图片、文字的链接。

（5）音频语音功能，主要是在场景中增加音频链接。

（6）视频影音功能，主要是在场景中增加视频链接。

图 3-57　内容上传

（7）幻灯片功能，主要是在场景中增加幻灯片链接。

（8）场景标注功能，主要是在场景中增加文字标注。

以上功能都需要在前期准备好相应的素材，在场景中以图标的形式表现。

图 3-58　内容调整

进行到这里全景图片上传便完成了（全景视频上传与之大致相同）。

第四章　VR全景视频拍摄及制作

第一节　VR全景视频拍摄

一、VR全景视频概述

全景视频，顾名思义，即720度或者360度全景视频，它是在720度或者360度全景技术之上延伸而来的。它将静态的全景图片转化为动态的视频图像。全景视频可以在上下左右360度的拍摄角度任意观看动态视频，让我们有一种真正意义上身临其境的感觉，其不受时间、空间和地域的限制。全景视频不再是单一的静态全景图片形式，而是具有景深、动态图像、声音等，同时又具备声画对位、声画同步特征的视频。全景视频能够表现出让传统的全景图片望尘莫及的效果。全景视频比起传统意义上的全景图片能够有了质、量、形式和内容的巨大飞跃。

二、拍摄技巧

(一)地面拍摄

使用一体机拍摄地面全景视频相对简单，只需一体机与手机的蓝牙WiFi相连接，在App内即可控制相机拍摄，实时浏览画面、实时校准、实时拼接，手机操控实现一键整体拍摄。

设置好拍摄设备的各项参数，调整好各项硬件。

选中拍摄主体后再进行拍摄。

(二)航拍拍摄

将一体机与飞行器相匹配的配件及飞行器连接，升空飞行完成全景视频的拍摄。

在拍摄航拍全景视频过程中,需要平稳飞行,飞行器自身可以转弯和变速。通过 HD-MI,用户可以使用图传监看实时画面。

图 4-1　航拍全景视频示范图

三、拍摄注意事项

参考第三章第四节内容。

第二节　VR全景视频剪辑

一、视频拼接

由于市场上的全景一体机种类繁多,所涉及品牌也各不相同,在这里我们选用了目前市场上最为普及也是效果最好的一款机器——由 Insta360 公司推出的 Insta360 Pro2。以下内容中涉及案例均是以 Insta360 Pro2 为例讲解的。

Insta360 Pro2 具备全景与全景 3D 两种呈现方式,支持照片、视频、直播推流三种拍摄模式,照片与视频画质达到了 8K 级别。拍摄时,Insta360 Pro2 支持 HDR 和 RAW 格式,能够进行实时/后期拼接,分辨率达到了 8 192×4 096(8K);进行快速出片时,分辨率最高支持 4K 级别。同时,Insta360 Pro2 还提供高速录制模式,能够以

100 帧/秒的速率录制 4K 视频,在拍摄运动场景时较为实用。此外,Insta360 Pro2 还可支持延时拍摄,并具备运动防抖增稳功能。

Insta360 Pro2 采用 6 个超广角鱼眼镜头,在拍摄时根据拍摄场景调整开启的镜头数量,用户能够选择性地启用 3—6 个镜头,以提升出片效率。Insta360 Pro2 还可同时单独录制 6 个镜头分别采集的素材,以便满足更高需求的 VR 后期创作。

(一)Windows 系统下将 Insta360 Pro 2 相机内的素材导入电脑的方法

1. 使用 USB Hub 加 SD 卡读卡器导入

使用本机配套的 SD 卡读卡器与 USB Hub,在 SD 卡和 6 张 MicroSD 卡全部插入 Hub 后,将 USB Hub 连接至电脑,直到电脑显示已挂载好这 7 张存储卡。

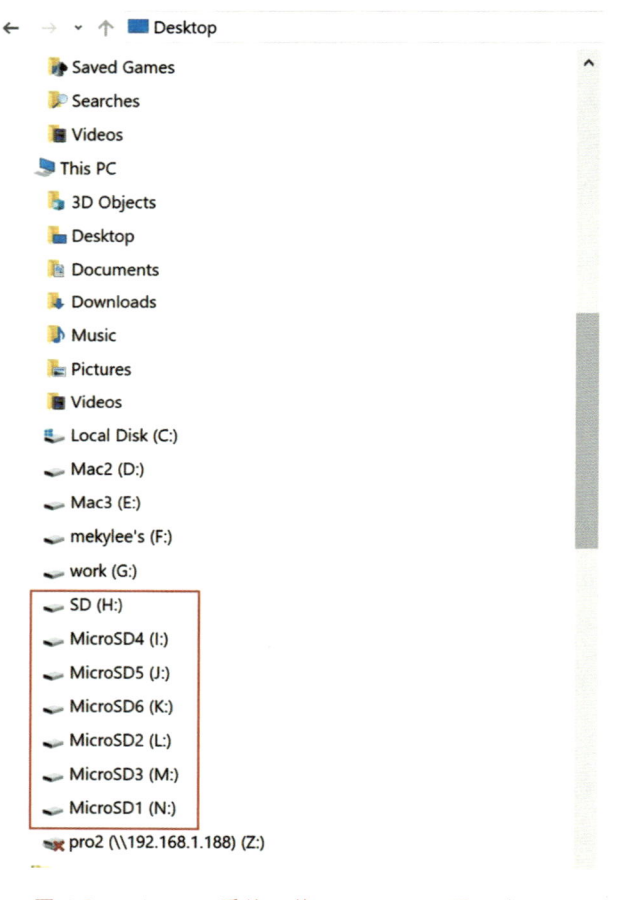

图 4-2　Windows 系统下使用 USB Hub 导入步骤 1

打开 Stitcher,点击进入"Pro2 素材导入与管理"界面,点击 USB Hub 加 SD 卡读卡器下的"导入"按钮,选择任意一张存储卡的根目录,如图 4-3 至图 4-5。

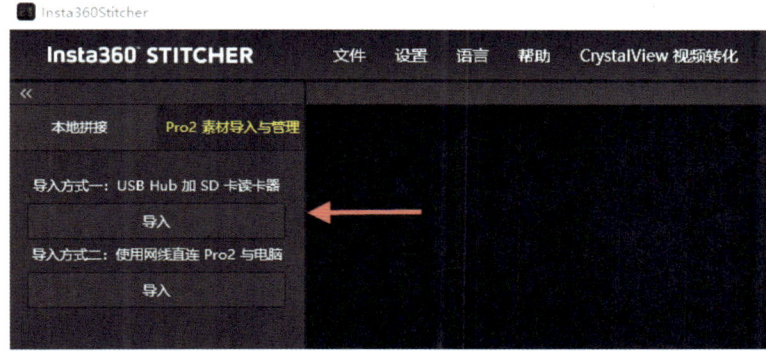

图 4-3 Windows 系统下使用 USB Hub 导入步骤 2

图 4-4 Windows 系统下使用 USB Hub 导入步骤 3

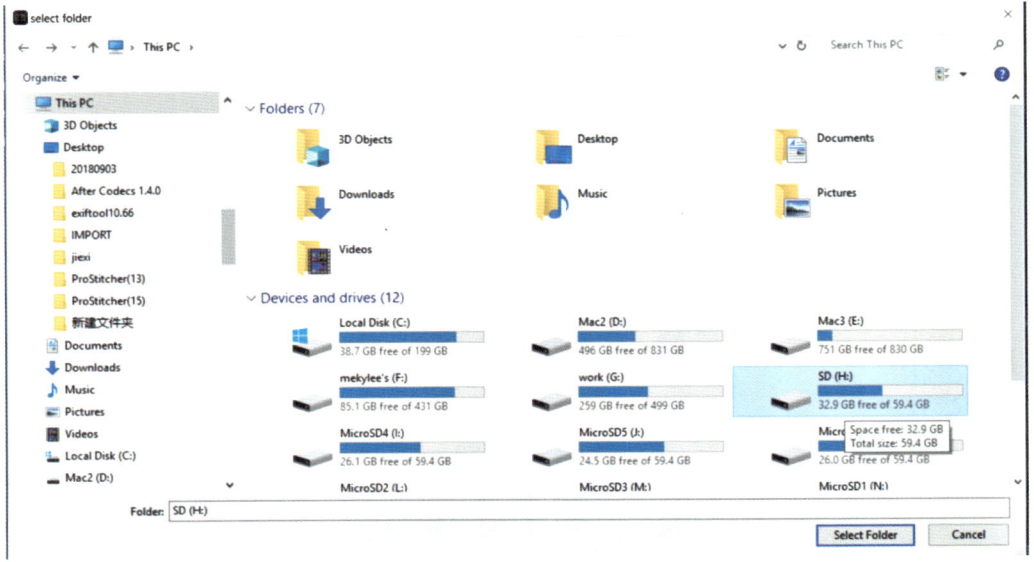

图 4-5 Windows 系统下使用 USB Hub 导入步骤 4

加载所有存储卡中的内容，请耐心等待，直到把所有存储卡中的素材加载完毕。

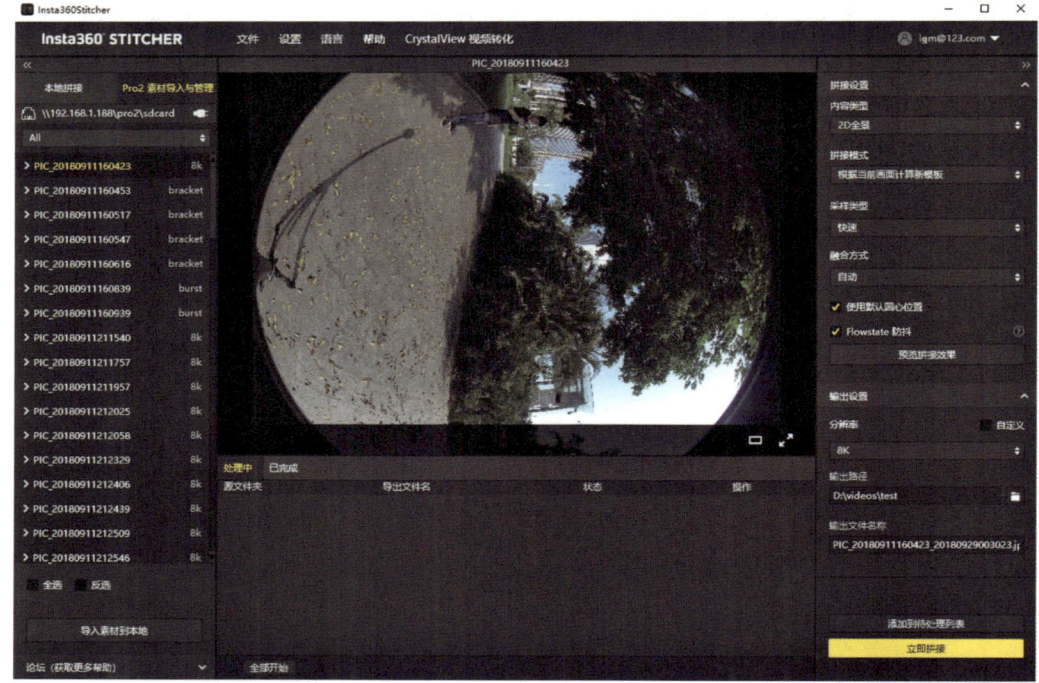

图 4-6　Windows 系统下使用 USB Hub 导入步骤 5

加载完毕后，点击下方的"导入素材到本地"按钮，即可将选中的所有素材导入到电脑本地。

2. 使用网线，将相机直连到电脑传输数据

操作相机的首页菜单，进入第五项读取存储设备模式，直到相机显示"Reading storage devices"状态。

如果进入此模式后提示"Loading failed"，请重启相机。

图 4-7　Windows 系统下使用网线导入步骤 1

在文件管理器的地址栏输入"\\192.168.1.188\pro2\"目录,访问该目录,即可读取到相机当前所有存储设备下的内容。用户可将素材拷贝至同一目录,将同名的素材文件夹进行合并。

图 4-8 Windows 系统下使用网线导入步骤 2

如果用户看到 6 张 MicroSD 卡和 1 张 SD 卡,则代表已经能成功访问到相机的所有存储设备。用户可以选择手动将各个文件夹内的文件合并复制到电脑本地,也可以使用 Stitcher 的"一键导入"工具来导入。

图 4-9 Windows 系统下使用网线导入步骤 3

打开 Stitcher,点击"Pro2 素材导入与管理"界面,点击使用网线直连 Pro 2 与电脑下的"导入"按钮,在弹出的文件夹选择框的地址栏中输入并访问"\\192.168.1.188\Pro2\"目录,选择该目录下任意一张存储卡的根目录,如图 4-10 至图 4-12。

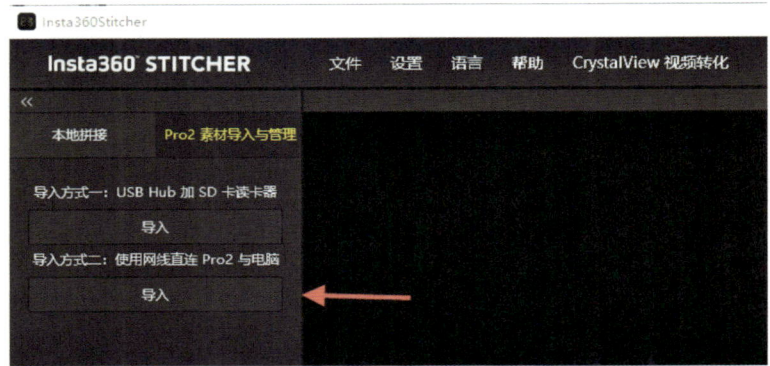

图 4-10　Windows 系统下使用网线导入步骤 4

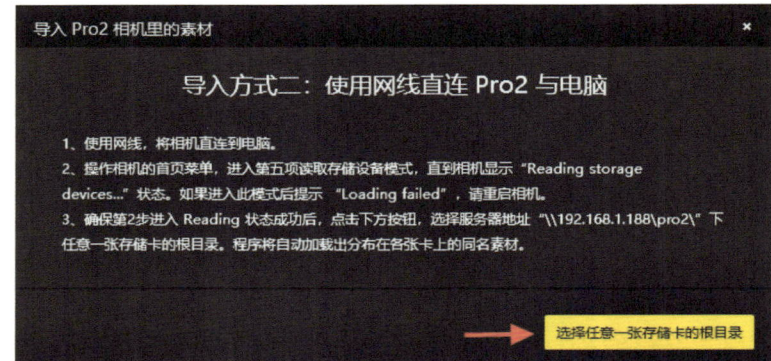

图 4-11　Windows 系统下使用网线导入步骤 5

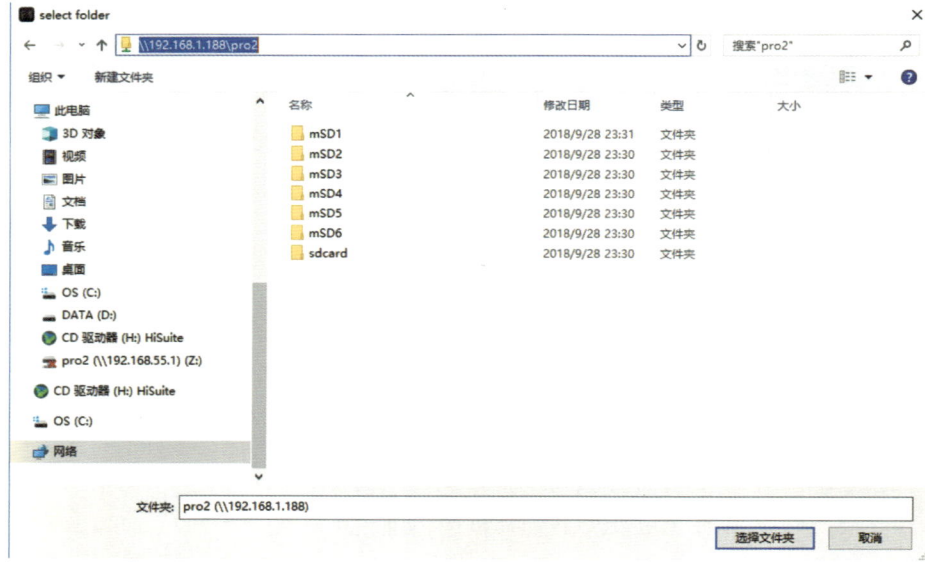

图 4-12　Windows 系统下使用网线导入步骤 6

用户也可以事先将"\\192.168.1.188\"这个服务器地址目录下的 Pro2 目录点击右键映射为网络驱动器,这样之后再选择时,就可以不必手动输入服务器地址,只要选择这个网络驱动器即可。

图 4-13 Windows 系统下使用网线导入步骤 7

加载所有存储卡中的内容需要一些时间,请耐心等待,直到把所有存储卡中的素材加载完毕。

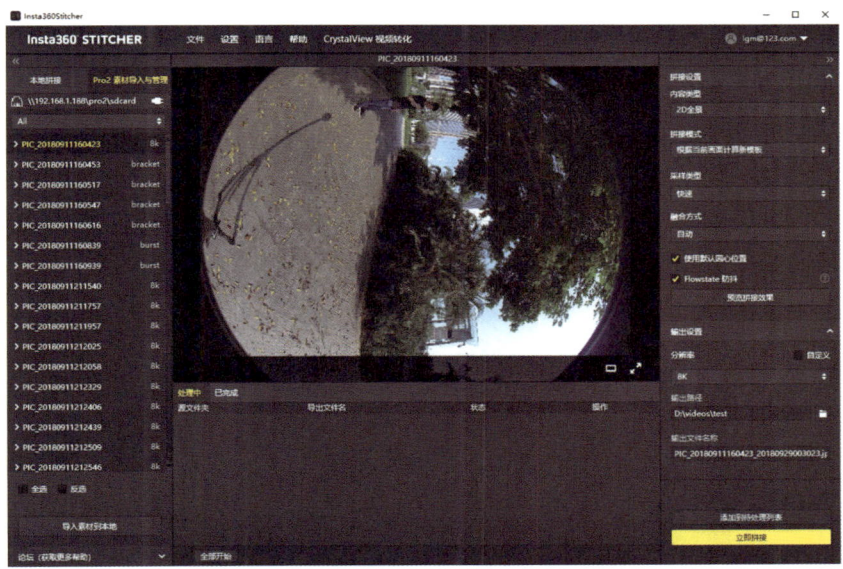

图 4-14 Windows 系统下使用网线导入步骤 8

加载完毕后，点击下方的"导入素材到本地"按钮，即可将选中的所有素材导入到电脑本地。

(二)Mac iOS 系统下将 Insta360 Pro 2 相机里的素材导入电脑的方法

1. 使用 USB Hub 加 SD 卡读卡器导入

使用计算机配套的 SD 卡读卡器与 USB Hub，在 SD 卡和 6 张 MicroSD 卡全部插入 Hub 后，将 USB Hub 连接至电脑，直到电脑显示已挂载好这 7 张存储卡。

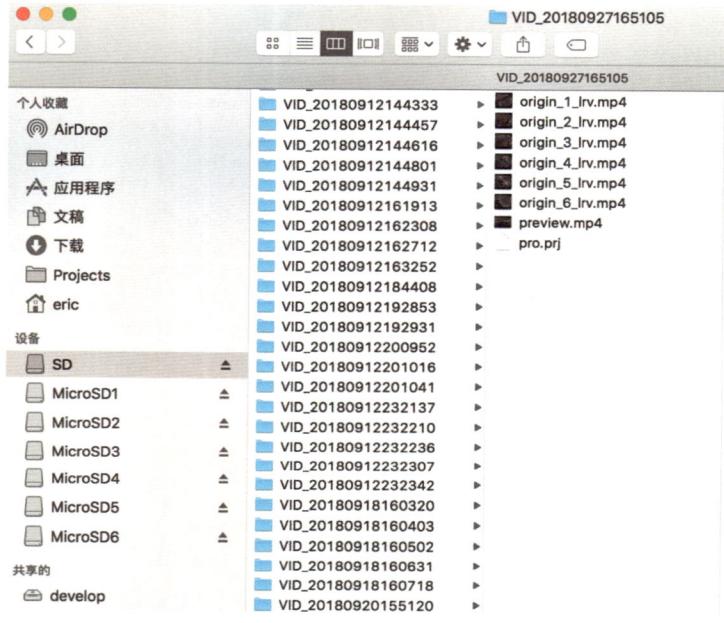

图 4-15　Mac iOS 系统下使用 USB Hub 导入步骤 1

打开 Stitcher，点击"Pro2 素材导入与管理"界面，点击 USB Hub 加 SD 卡读卡器下的"导入"按钮，选择任意一张存储卡的根目录，如图 4-16 至图 4-18。

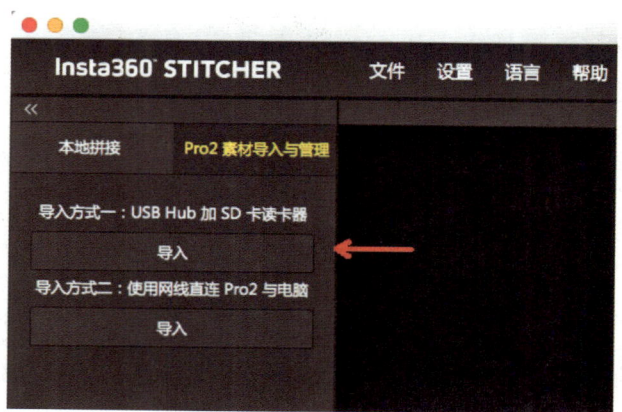

图 4-16　Mac iOS 系统下使用 USB Hub 导入步骤 2

图 4-17　Mac iOS 系统下使用 USB Hub 导入步骤 3

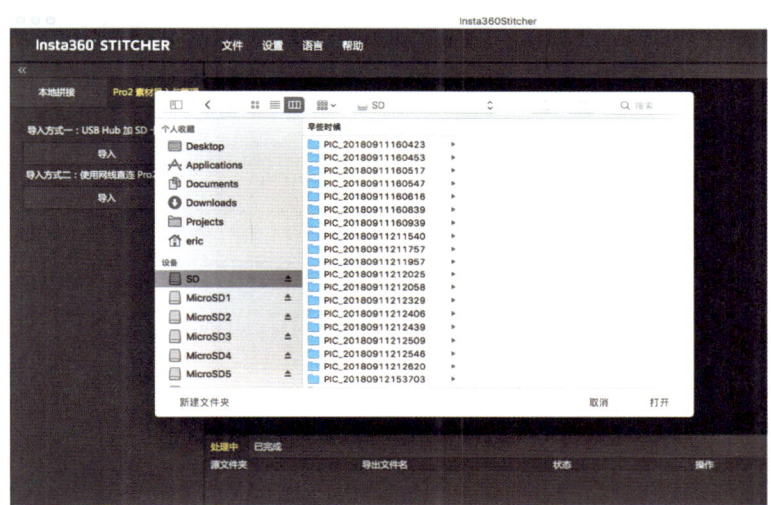

图 4-18　Mac iOS 系统下使用 USB Hub 导入步骤 4

加载所有存储卡中的内容，直到把所有存储卡中的素材加载完毕。

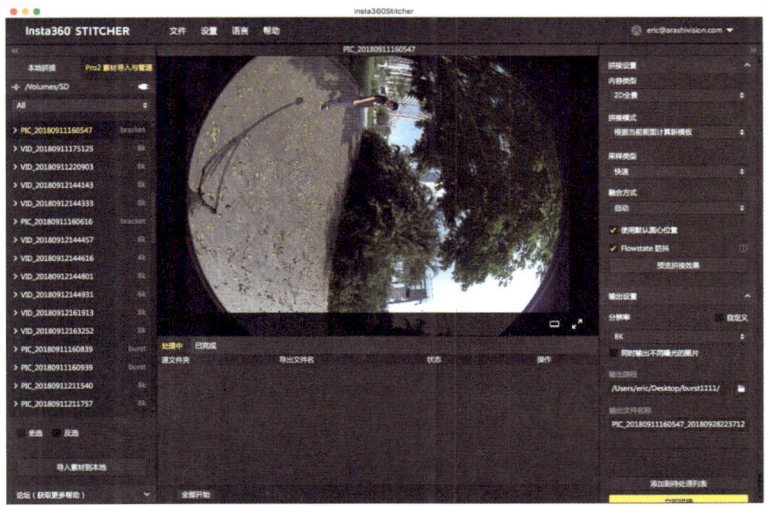

图 4-19　Mac iOS 系统下使用 USB Hub 导入步骤 5

　　加载完毕后，点击下方的"导入素材到本地"按钮，即可将选中的所有素材导入电脑本地。

　　2. 使用网线，将相机直连到电脑传输数据

　　使用前请访问此网址：https://joshuawise.com/horndis，在 Available versions 部分，根据当前 Mac 系统版本选择下载对应的 HoRNDIS 驱动软件，并进行安装。

Available versions

- The latest version available is **9.2**: HoRNDIS-9.2.pkg (46919 bytes) (md5sum 8207800ef89dc1bb0cca530e4ef39009; GPG signature). Improves support for devices including Nokia 7 Plus. This release was developed by Mikhail Iakhiaev, who is the current maintainer of HoRNDIS. **This version only supports MacOS 10.11 and up.**
- Older versions:
  - **Release 9.1**: HoRNDIS-9.1.pkg (46924 bytes) (md5sum a444af529261f4f611986b268d7f9fb7; GPG signature). Improves support for devices including Galaxy S7 Edge and BeagleBone, and fixes some suspend- / resume-related bugs. This release was developed by Mikhail Iakhiaev, who is the current maintainer of HoRNDIS.
  - **Release 9.0**: HoRNDIS-9.0.pkg (42820 bytes) (md5sum 8d8e2bc421520b8a264c9962ef3dbbd3; GPG signature). Converts HoRNDIS core code to use more modern MacOS USB interfaces, for improved reliability on newer versions of MacOS. This release was developed by Mikhail Iakhiaev, who is the current maintainer of HoRNDIS.
  - **Release 8**: HoRNDIS-rel8.pkg (78985 bytes) (md5sum 8991552bd384a06b7ec775f7198f7bba; GPG signature). Adds support for OS X 10.11 (El Capitan) and 10.12 (Sierra). Thanks also to David Ryskalczyk for his help in wrestling Xcode. **This is the newest version that supports OS X 10.10.**
  - **Release 7**: HoRNDIS-rel7.pkg (116491 bytes) (md5sum 45a1a7457966b1dc79897af2864f68e4; GPG signature). Adds support for OS X 10.10 (Yosemite). Fixes issue where unsigned kext would not be installed (restoring support for OS X 10.6 - 10.8). Thanks also to David Ryskalczyk for his help in tracking down the issues with 10.10.
  - **Release 6**: HoRNDIS-rel6.pkg (116473 bytes) (md5sum fe3e5ae4c0a509b06cf11ef65b1715da; GPG signature). Adds support for multicast mode, enabling mDNS (thanks to Dan Yocom at Intel). Adds code signing support in Installer and for kext.
  - **Release 5**: HoRNDIS-rel5.pkg (60906 bytes) (md5sum 059164db5a76e5c0b57b9ef9acb65da5; GPG signature). Adds support for Mac OS X's Internet Connection Sharing, enabling BeagleBoard users to connect their boards to the Internet through their Macs.
  - **Release 4**: HoRNDIS-rel4.pkg (60519 bytes) (md5sum 8cf81024d8514d2a8654420fc7491b84; GPG signature). *Actually* fixes issue #5 and #9, adding support for Samsung Galaxy S II and HTC Desire S (thanks to Griskha). Improves compatibility with older versions of OS X (early 10.6).
  - **Release 3**: HoRNDIS-rel3.pkg (60488 bytes) (md5sum a46960e3cdb2a046e08af00c766b6ff9; GPG signature). Fixes issue #3 (reenabling installation on 32-bit machines). Adds potential fix for issue #5.
  - **Release 2**: HoRNDIS-rel2.pkg (60843 bytes) (md5sum 8b2c371e78ccfe3b07750fbe07f55bb5; GPG signature). Disables installation on 32-bit machines, and includes new device support.
  - **Release 1**: HoRNDIS-rel1.pkg (38681 bytes) (md5sum 4169c222448e2a2caaa067caf84189d3; GPG signature). Fixes issue #2.
  - **Release 0**: HoRNDIS-rel0.pkg (36807 bytes) (md5sum be4e879198d3b6e52af993b008198e8e; GPG signature). Initial release.

图 4-20　Mac iOS 系统下使用网线导入步骤 1

　　操作相机的首页菜单，进入第 5 项读取存储设备模式，直到相机显示"Reading storage devices"状态。

　　如果进入此模式后提示"Loading failed"，请重启相机。

图 4-21　Mac iOS 系统下使用网线导入步骤 2

　　打开 Mac 系统下的文件管理器 Finder，点击"前往"，在下拉菜单下点击"连接服务器"。

图 4-22　Mac iOS 系统下使用网线导入步骤 3

　　在地址栏中输入"smb：//192.168.1.188"，点击"连接"。

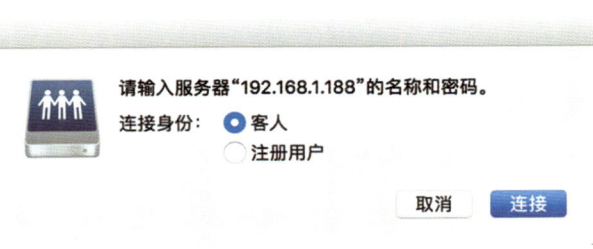

图 4-23　Mac iOS 系统下使用网线导入步骤 4

　　在弹窗中选择"客人"，点击"连接"。

图 4-24　Mac iOS 系统下使用网线导入步骤 5

在接下来的弹窗中选择"pro2"，点击"连接"。

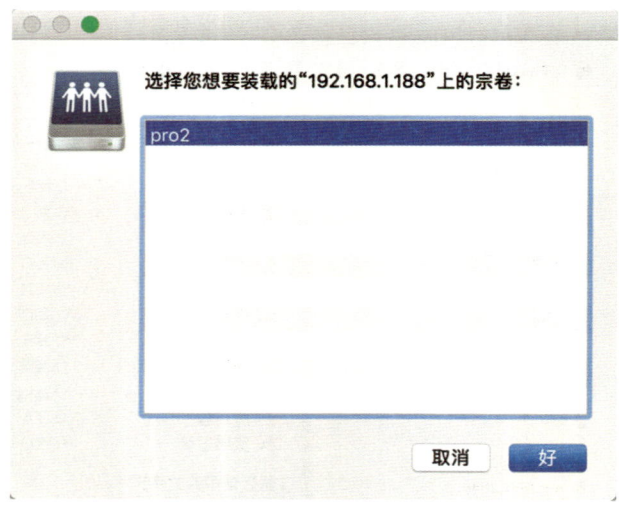

图 4-25　Mac iOS 系统下使用网线导入步骤 6

如果用户看到 6 张 MicroSD 卡和 1 张 SD 卡，则代表已经能成功访问相机的所有存储设备。用户可以选择手动将各个文件夹内的文件合并复制到电脑本地，也可以使用 Stitcher 的一键导入工具来导入。

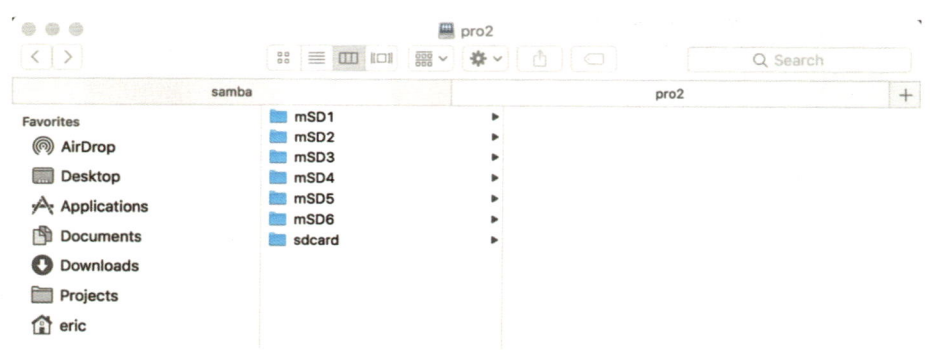

图 4-26　Mac iOS 系统下使用网线导入步骤 7

打开 Stitcher，点击"Pro2 素材导入与管理"界面，点击使用网线直连 Pro 2 与电脑下的"导入"按钮，选择 192.168.1.188/Pro2/ 服务器目录下任意一张存储卡的根目录，如图 4-27 至图 4-29。

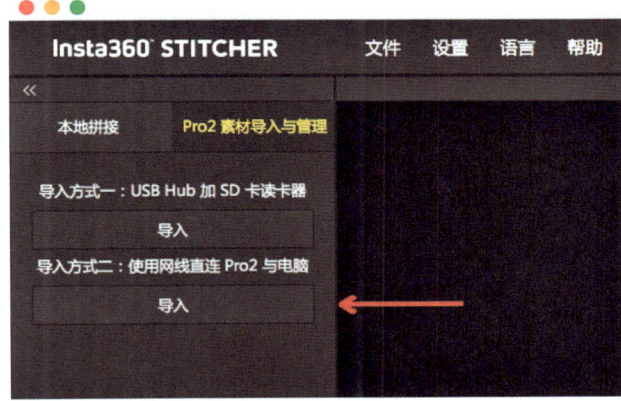

图 4-27　Mac iOS 系统下使用网线导入步骤 8

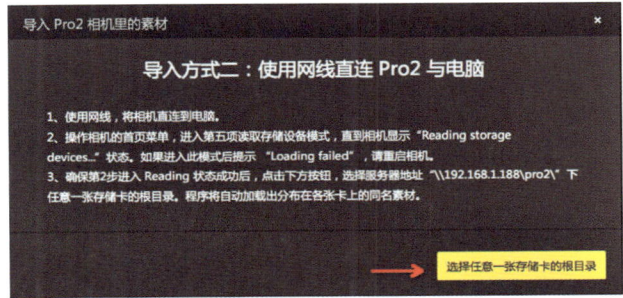

图 4-28　Mac iOS 系统下使用网线导入步骤 9

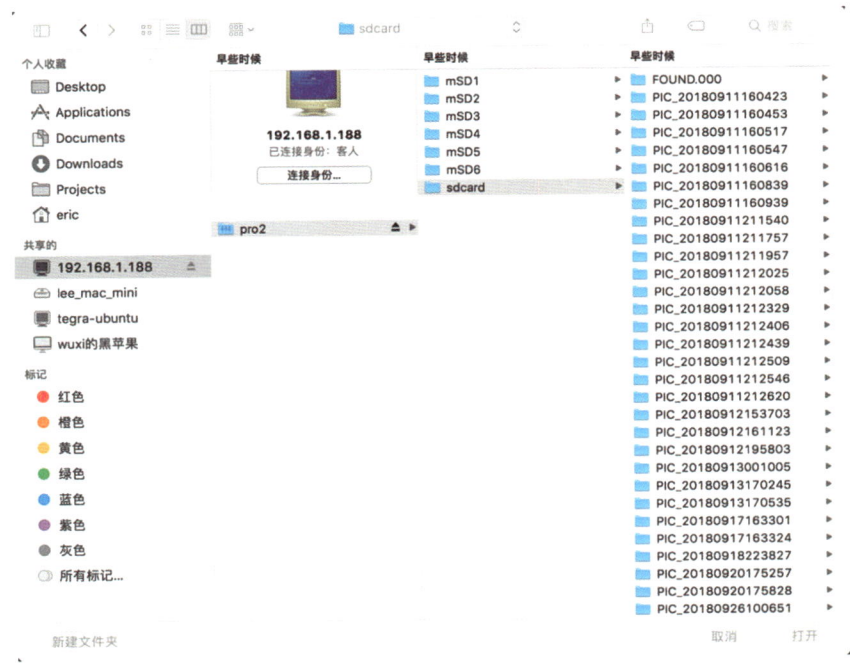

图 4-29　Mac iOS 系统下使用网线导入步骤 10

加载所有存储卡中的内容，直到把所有存储卡中的素材加载完毕。

图4-30　Mac iOS系统下使用网线导入步骤11

加载完毕后，点击列表下方的"导入素材到本地"按钮，即可将选中的所有素材导入电脑本地。

请注意，在用户让相机进入读取存储卡模式并且电脑已经直接能访问多张存储卡的目录后，用户可以直接拖动SD卡（非MicroSD）中的文件夹到Stitcher中使用，但是这种方式有赖于网络的稳定性与可靠性，因此强烈建议用户将内容保存到电脑本地之后再进行拼接或编辑。

另外，如果用户购买了官方的读卡器与Hub套餐，也可以考虑将7张存储卡拔出并插入读卡器和Hub连接至电脑，然后手动将同名文件夹合并复制到电脑中。

二、视频合成导出

（一）认识视频文件的格式和存储形式

Pro 2拍摄的视频是以H.264编码、MP4格式来存储的。

图4-31　视频规格

　　每一次录像都会在 SD 卡中创建 1 个文件夹,除了 6 个低分辨率代理视频、Preview. mp4 预览视频之外,还包含工程文件(pro. prj)与一些必要的数据文件(gyro. mp4)以及视频文件。另外 6 张 MicroSD 卡中存储着对应镜头序号的 6 个高分辨率单镜头视频原片。

　　origin_ ∗. mp4 的序列是每个独立镜头拍摄的源文件,用于后期拼接。分辨率为 3 840×2 160的文件可以拼接最高 8K/2D 的全景视频,分辨率为3 840×2 880的文件可以拼接最高 8K/3D 的全景视频。

　　preview. mp4 是一个帧率为 30fps 的1 920×960 的预览文件,可以快速确认拍摄内容的曝光、画面位置等效果(但该视频不具备防抖效果)。

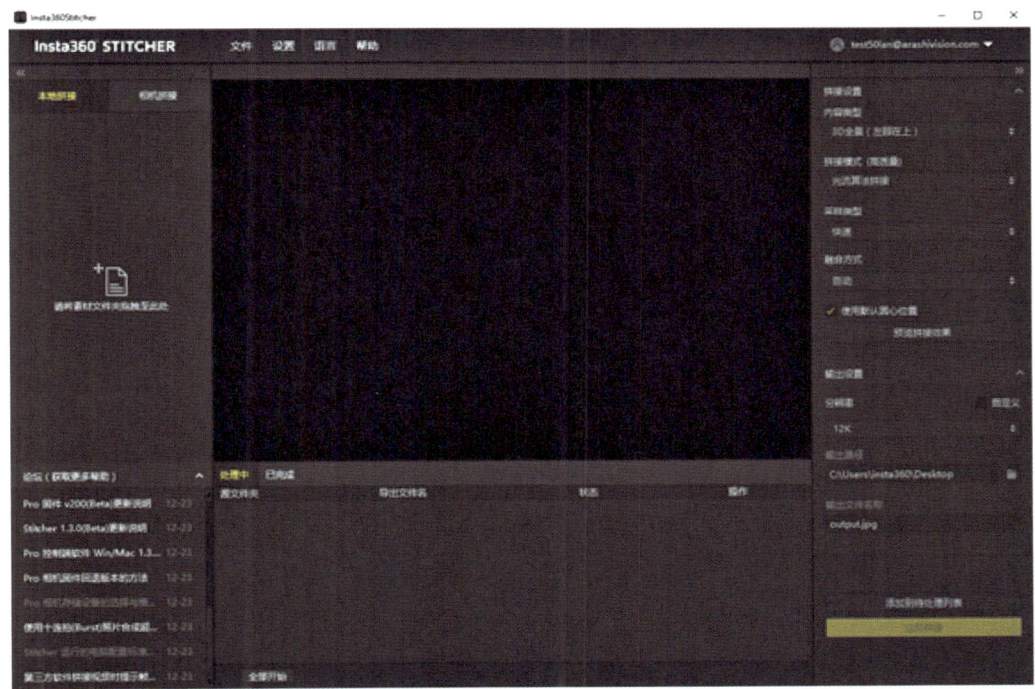

图 4-32　软件打开界面

(二)Stitcher 界面介绍

　　顶部为菜单栏,分别为:文件-设置-语言-帮助,提供了文件导入,上传至谷歌街景,显示 log、偏好设置(硬软解码)、硬件性能测试、语言设置、固件更新、上传日志等。

　　左边是文件列表,可以直接拖拽文件夹到此处导入文件(请参见第四章第二节内容,了解如何导入 Pro 2 相机里多张存储卡内容的方法)。

　　左下方为 Pro 的官方论坛,可以查看最新的软件信息、教程,以及技术交流,也可以反馈给 Insta360 公司最新的建议和意见。

中间为实时监看窗口，可以播放任意一个镜头的文件。

下方为任务状态栏，可以看到正在进行拼接的进程，以及查看已经完成的任务。

右上方是拼接设置区域，可以设置拼接内容类型（2D 全景和 3D 全景）、拼接模式（光流算法和模板拼接），采样类型与融合方式一般为默认设置即可。"默认圆心位置"用于优化顶部拼接和暗光条件下的拼接。

(三)硬件性能测试

由于视频拼接需要消耗大量电脑资源，用户在使用 Stitcher 进行拼接之前，建议先进行测速，在设置中打开"硬件性能测试"即可测速。测速需要一定的时间。

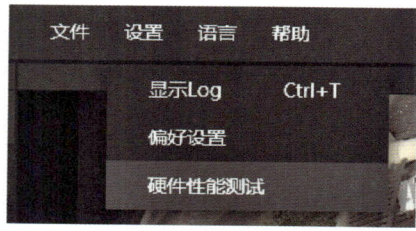

图 4-33　视频合成导出步骤 1

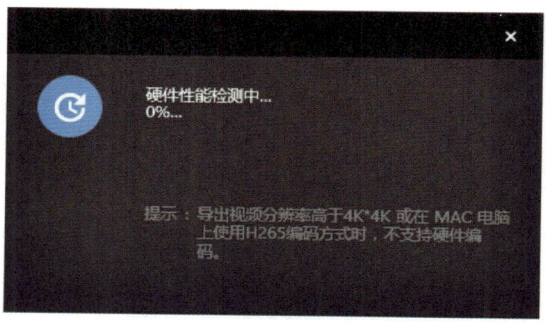

图 4-34　视频合成导出步骤 2

测试结束后，会提供电脑参考的性能结果。

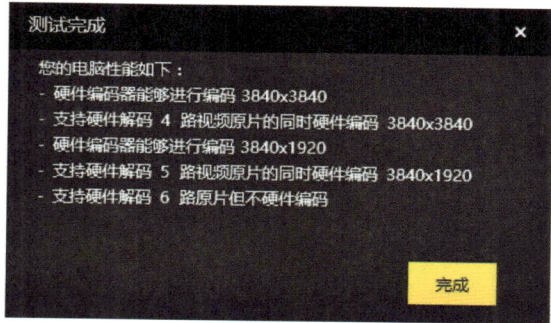

图 4-35　视频合成导出步骤 3

(四)拼接步骤

导入一个视频文件夹。

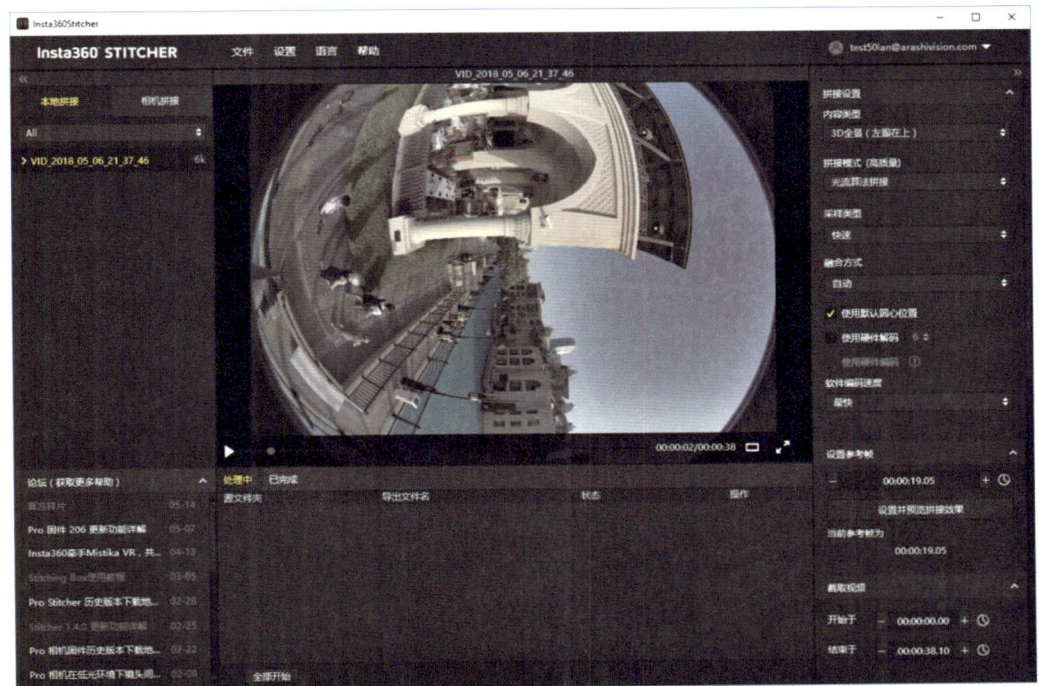

图 4-36　视频合成导出步骤 4

选择需要的内容类型,包括 2D 全景、3D 全景(左眼在上)、3D 全景(右眼在上)。

图 4-37　视频合成导出步骤 5

拼接模式可以选择光流算法拼接、新光流算法拼接和根据当前画面计算新的模板。

光流算法:基础的光流算法,拼接速度一般。

新光流算法:在原有的光流算法基础之上提升了近 3 倍的拼接速度,但少部分场景的拼接效果可能不如基础的光流算法,建议用户对使用此算法拼接的效果特别不满意时,可以尝试与基础的光流算法对比一下效果。

根据当前画面计算新模板:速度最快,但由于不是光流拼接,在有远近视差和近距离情况下效果有限。

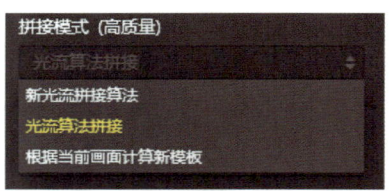

图 4-38　视频合成导出步骤 6

采样类型,如果相机是静止的,则三种采样类型差别不大;如果相机在运动状态,则更慢速度的采样可以获得更好的画质,这在视频的拼接中经常使用。

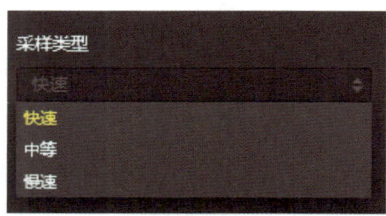

图 4-39　视频合成导出步骤 7

融合方式,一般让电脑自动选择。CUDA:电脑如果使用英伟达的显卡,就能选择英伟达的 CUDA 技术来进行硬件加速;OpenCL:电脑如果使用非英伟达的显卡,则可使用 OpenCL 实现硬件加速;CPU:非硬件加速,纯 CPU 计算。

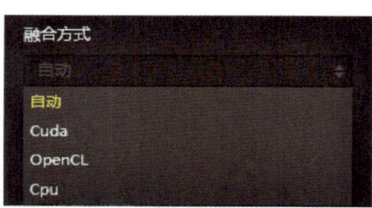

图 4-40　视频合成导出步骤 8

"使用默认圆心位置"选项对于一些顶部有遮挡物的场景、暗光下的场景有改善拼接的作用。

导出 2D 的全景图片,陀螺仪水平矫正可以使画面自动水平,但 3D 视频的拼接不支持陀螺仪水平校正。根据导出视频的分辨率和电脑性能,选择硬件解码和硬件编码。导出视频分辨率高于 4K×4K 或者在 Mac 上使用 H265 编码方式时,不支持硬件解码。

图 4-41　视频合成导出步骤 9

软件编码速度就是选择越快的编码速度，拼接得就越快，但画质细节可能有所损失。比如一些静态的场景，快速的编码速度也能得到不错的画质，但运动的场景如果用快速的编码速度，画面细节就可能会出现一些马赛克。这需要用户根据内容场景、对拼接质量的需求以及对拼接速度的要求综合考虑后再做出选择。

注意：如果选了 CUDA 或者 OpenCL 硬件加速，就没有"软件编码速度"这个选项了，因为这时候用的是硬编。

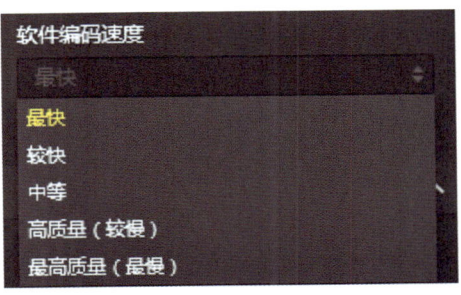

图 4-42　视频合成导出步骤 10

在视频拼接中设置参考帧尤其重要。参考帧指的是软件在拼接过程中以某一帧的画面计算拼接参数，应用在整个拼接过程中，因此选取参考帧要选择需要输出的时间区间中的某一帧，该帧要处在物体运动的重要时刻，例如人物距离最近的时刻；或在所占比例较高的场景中设置其中一帧为关键帧，例如风景拍摄。

图 4-43　视频合成导出步骤 11

预览拼接效果时，可以改变参考帧，也可以调节画面水平、中心视角，进行简单调色。顶部优化功能能够针对顶部有规则线条的场景进行优化，如天花板空调排风口。注意：3D 视频的拼接中没有调节画面水平和中心视角的功能。

图 4-44　视频合成导出步骤 12

　　选取需要导出的时间段时，为了节省时间和电脑资源，导出有效的片段更方便后期剪辑。

图 4-45　视频合成导出步骤 13

　　分辨率除了预设的分辨率外，还可以自定义。

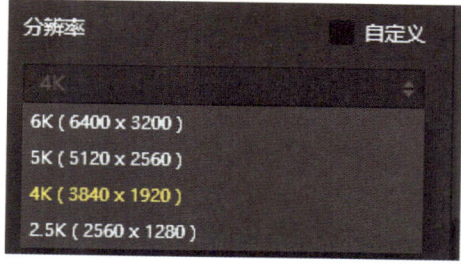

图 4-46　视频合成导出步骤 14

图 4-47　视频合成导出步骤 15

Stitcher 支持 H264 和 H265 的编码。H265 编码虽然有更好的画质和更低的存储空间，但很多 VR 播放器和剪辑软件的支持情况较差，尤其是在进行剪辑的时候，H265 编码对硬件的要求更高。

图 4-48　视频合成导出步骤 16

渲染配置是 H264 编码时可选的一个配置参数。Baseline、Main、High 三个标准的压缩率越高，对播放器的解码性能要求也越高。

图 4-49　视频合成导出步骤 17

一般来说，Stither 根据分辨率设置，自动匹配预设的码率，4K/2D 全景推荐 60Mbps，4K/3D 全景推荐 120Mbps。

图 4-50　视频合成导出步骤 18

音频类型：如果选择全景声，则视频中会带有 4 个声音轨道；如果选择普通音频，则只有立体声轨道。

图 4-51　视频合成导出步骤 19

也可以选择同时导出音频文件。

图 4-52　视频合成导出步骤 20

输出路径和输出名称可以进行设置，设置完成后可以添加到待处理列表，或者立即拼接。

图 4-53　视频合成导出步骤 21

拼接任务栏中可以查看拼接进度。在全景视频拼接过程中，还可以终止拼接，软件会自动保存已经拼接好的部分。

图 4-54　视频合成导出步骤 22

第三节　VR全景视频整修

一、地面拍摄擦除三脚架

三脚架在拍摄过程中是一个必不可少的物件，这也就意味着无论怎么拍摄，三脚架都会被拍进去，而且在后期处理的时候，三脚架的一部分会出现在视频中。

图 4-55　三脚架去除前

在常规流程下，下图直接擦除后修复的图：

图 4-56　三脚架去除后

乍一看，三脚架被修复了，好像没有什么问题，但是，这些图最终是要放到 VR 播放器里去观看的，如图 4-57。

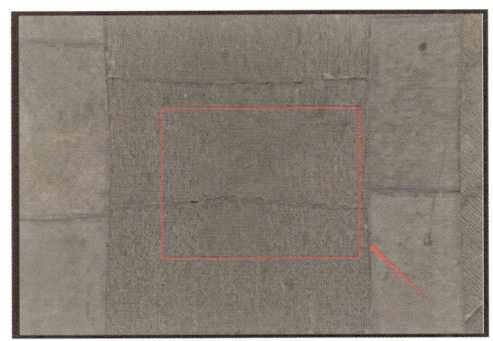

图 4-57　三脚架去除后局部区域

这时候我们会发现地面上很多扭曲拉伸的像素，包括一条黑色的接缝线。出现这个问题的原因是直接在 2：1 展开图上进行修复，而像素并没有正确的全景信息。

要想获取正确的修复效果，可行的方法就是把三脚架放置于 2：1 展开图的画面正中间，因为正中间是全景画面比较接近正常视觉的地方，比如把画面调成这样，如图 4-58。

图 4-58　去除三脚架步骤 1

然后再去擦除中间的三脚架，如图 4-59。

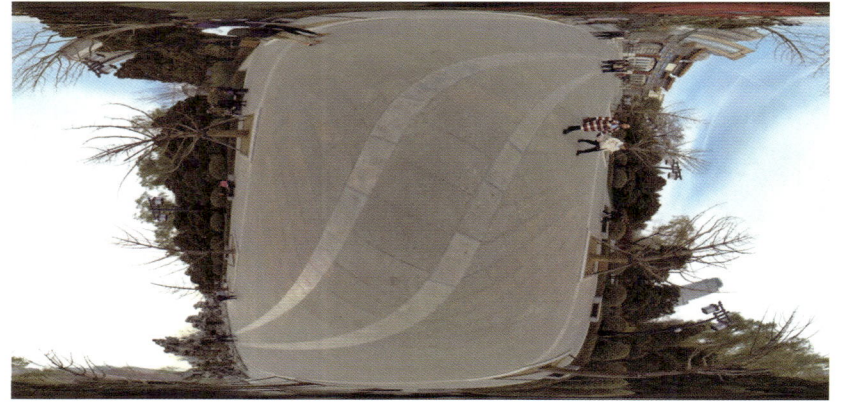

图 4-59　去除三脚架步骤 2

最后再偏移回正常的视角,如图 4-60。

图 4-60 三脚架去除后示范图

放置于全景播放器里面显示如图 4-61,我们可以看到地面部分没有了明显的拉伸迹象,这样的修复才算是正确的修复。

图 4-61 三脚架底部去除后示范图

以上是理念部分,具体操作方法如下。要注意的一点是,这种方法只适用于固定机位的 VR 拍摄。

这里我们使用 Premiere Pro(软件)、GoPro VR Plugins(插件)、Photoshop(软件)来具体操作:

打开 Premiere Pro,然后新建项目,创建一个 2∶1 的序列。

VR 视频的画幅比例是 2∶1 才可以被完美地包裹成球形,所以需要在 Pr 里面自定义尺寸。本书中使用的素材是 4K 尺寸,像素为 4 096×2 048。

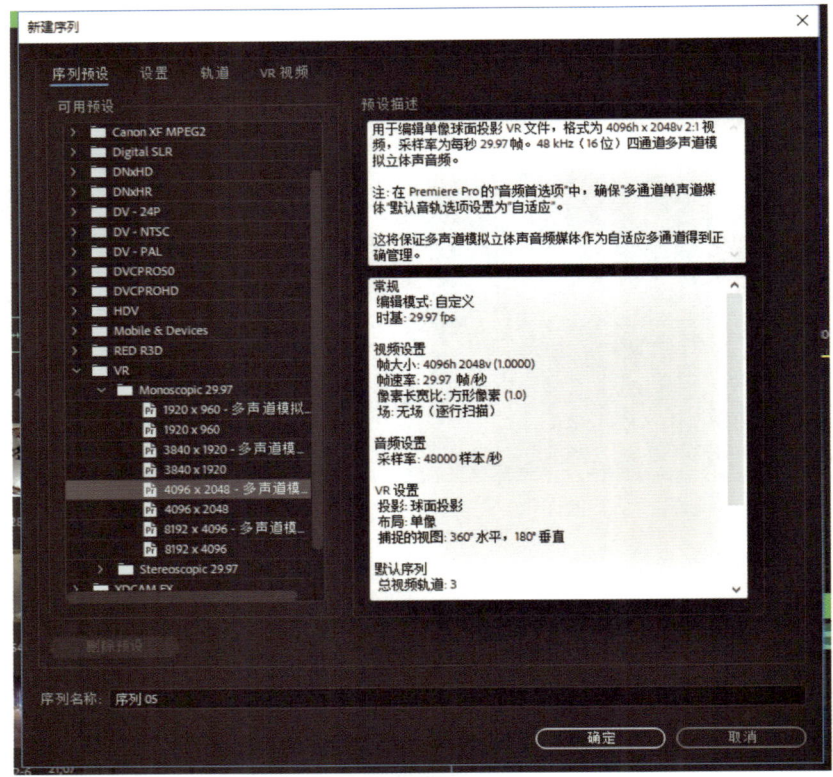

图 4-62　固定机位全景视频三脚架去除步骤 1

把拍摄好的全景素材导入 Premiere Pro，拖拽到时间线上。

图 4-63　固定机位全景视频三脚架去除步骤 2

在"效果"里面找到安装好的 GoPro VR Plugins 插件，将 Gopro VR Horizon 拖拽到素材上。

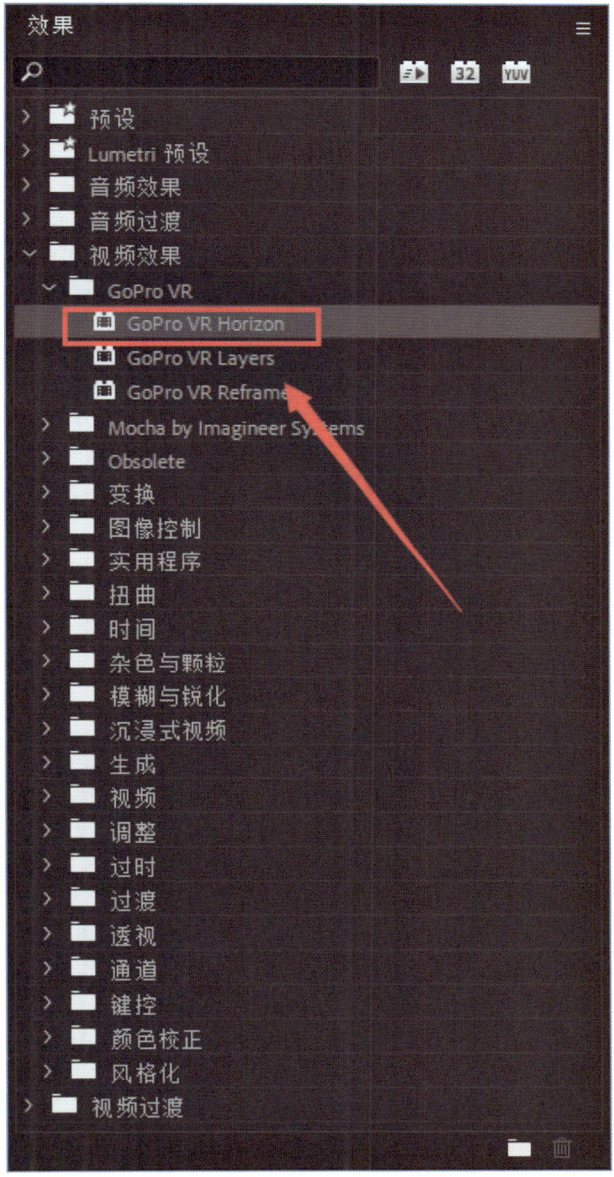

图 4-64　固定机位全景视频三脚架去除步骤 3

通过调整参数，将三脚架调整到中间的位置上。

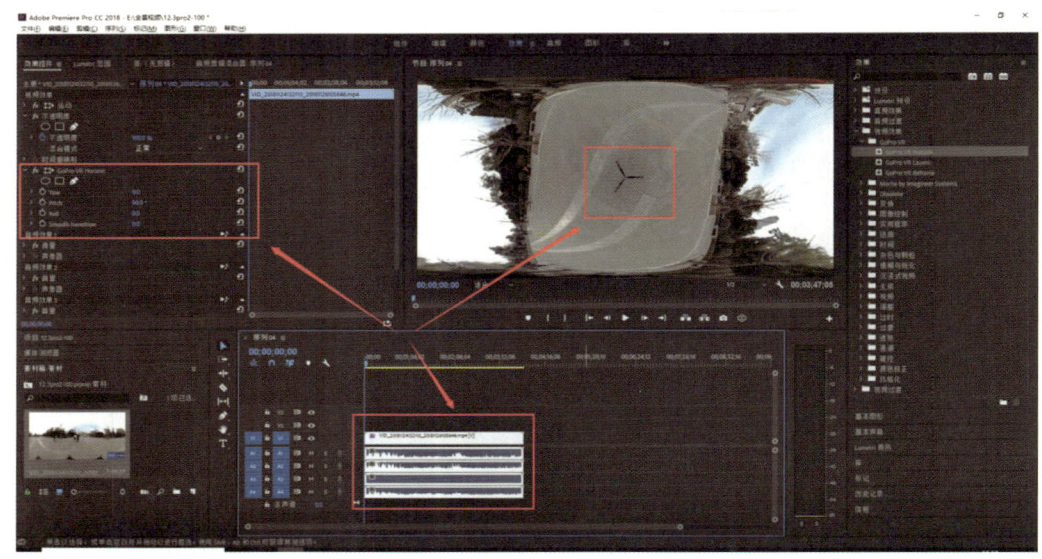

图 4-65　固定机位全景视频三脚架去除步骤 4

按快捷键 Ctrl＋Shift＋E 导出帧（截取其中一张画面），将导出的图保存，放置于 Photoshop 里，P 掉三脚架。

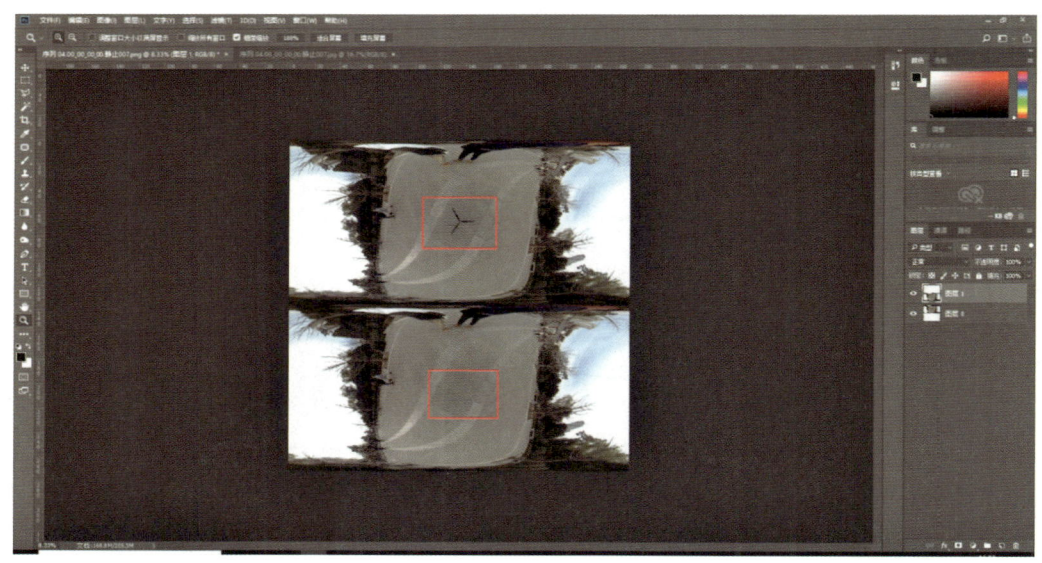

图 4-66　固定机位全景视频三脚架去除步骤 5

把修完架子的图片导入 Premiere Pro 里，将其拖拽到原视频所在的上一层轨道，把图片素材拉长至与视频素材等同。

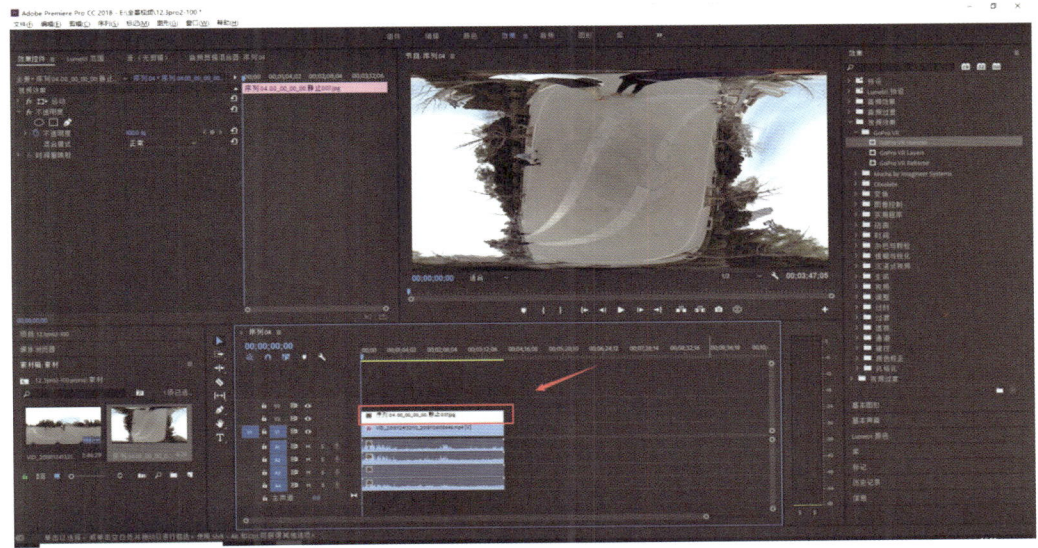

图 4-67　固定机位全景视频三脚架去除步骤 6

依次打开"效果"中的视频效果－变换－裁剪，将图片裁剪，只留下架子的那部分。

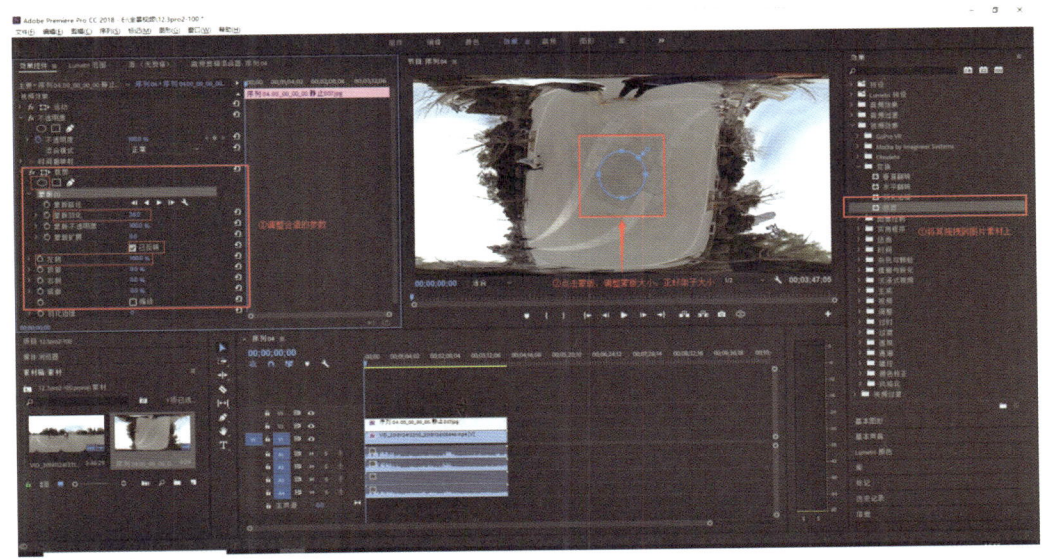

图 4-68　固定机位全景视频三脚架去除步骤 7

将图片素材和视频素材同时选住，点右键选择"嵌套"，完成后素材变为绿色。

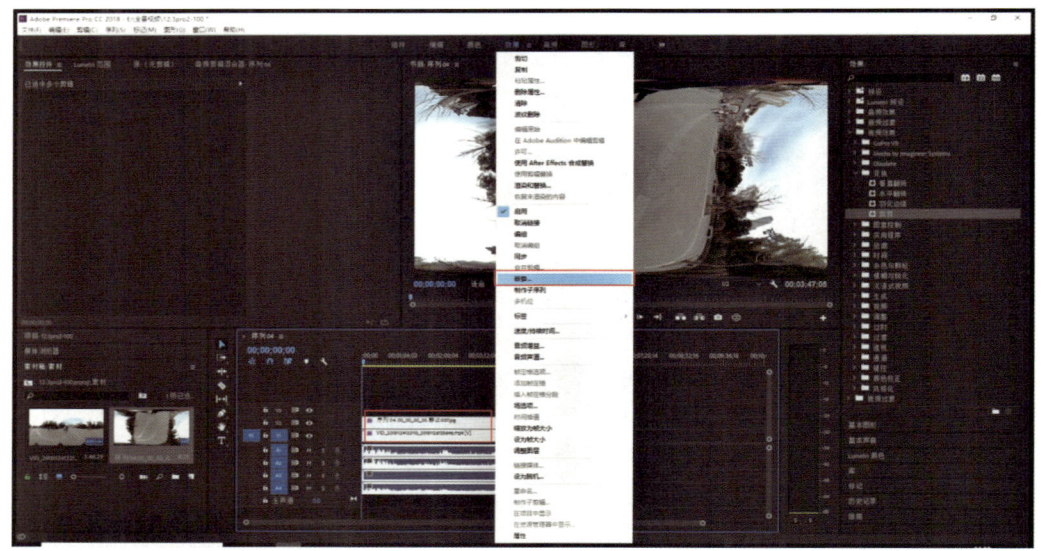

图 4-69　固定机位全景视频三脚架去除步骤 8

再次使用 Gopro VR Horizon 特效，调整参数，将画面旋转为原来的视角。

图 4-70　固定机位全景视频三脚架去除步骤 9

点击文件－导出－媒体，设置格式，文件保存到合适位置，导出即可。

图 4-71　固定机位全景视频三脚架去除步骤 10

二、颜色调整

首先，观察素材是否是正确的色温、正确的曝光。如果是晚上拍摄，曝光是不可能正常的。用户调色的时候一定要注意，晚上正确的曝光看起来会很奇怪，所以一定要有逻辑地去调色。

Premiere Pro 最新版本有一个很实用的调色效果——Lumetri 插件，用户在窗口调出 Lumetri 颜色插件即可使用。

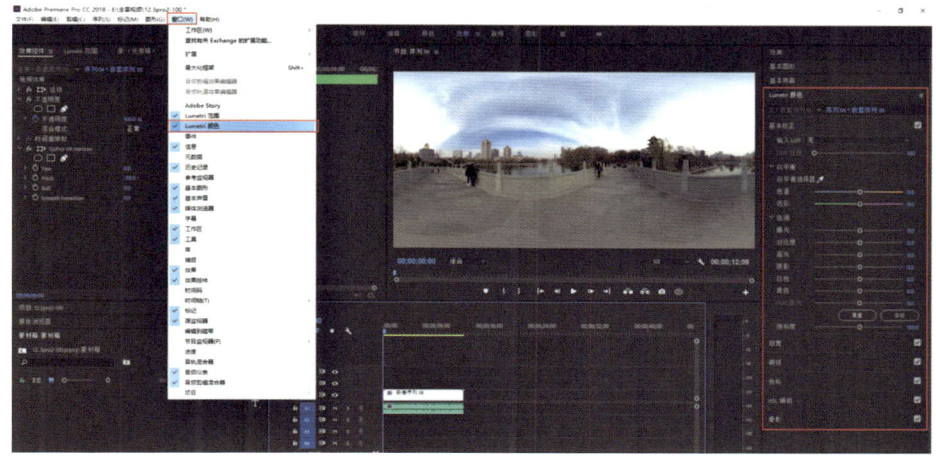

图 4-72　全景视频后期调色步骤 1

根据自己的审美调整数值，完成视频调色。

图 4-73　全景视频后期调色步骤 2

三、全景声的后期

打开 Premiere CC 2018，新建序列，选择 VR 下带有 Ambisonics 选项的预设，右边 NOTE 中有说明。

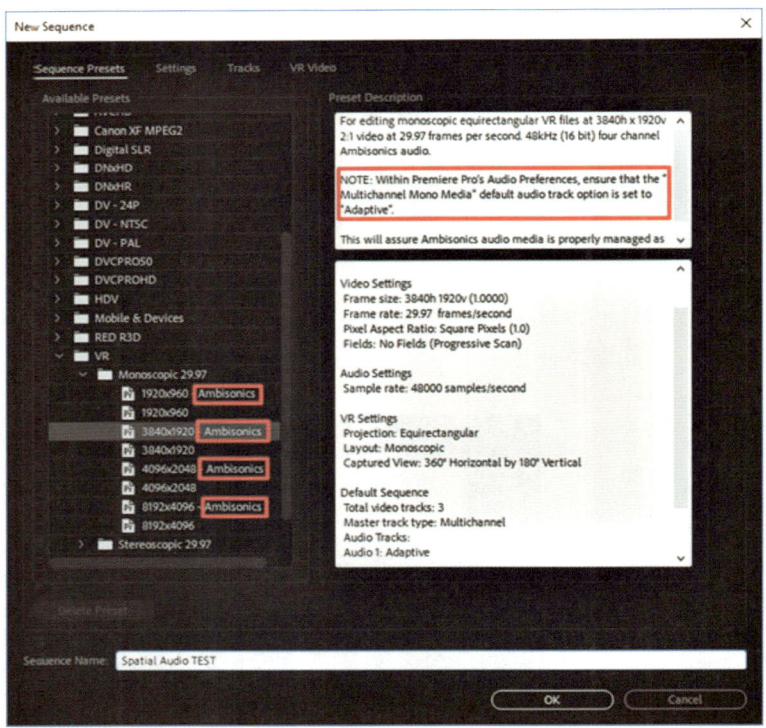

图 4-74　全景声后期调频步骤 1

用于编辑单像球面投影的 VR 文件,格式为 3840h×1920v,视频比例为 2∶1,采样率为 29.97 帧/48 kHz(16 位)的四通道多声道模拟立体声音频。注意:在 Premiere Pro 的"音频首选项"中,用户要确保将"多通道单声道媒体"默认音轨选项设置为"自适应",这将保证多声道模拟立体声音频媒体作为自适应多通道而得到正确管理。

在首选项中的 Audio 中设置 Adaptive。

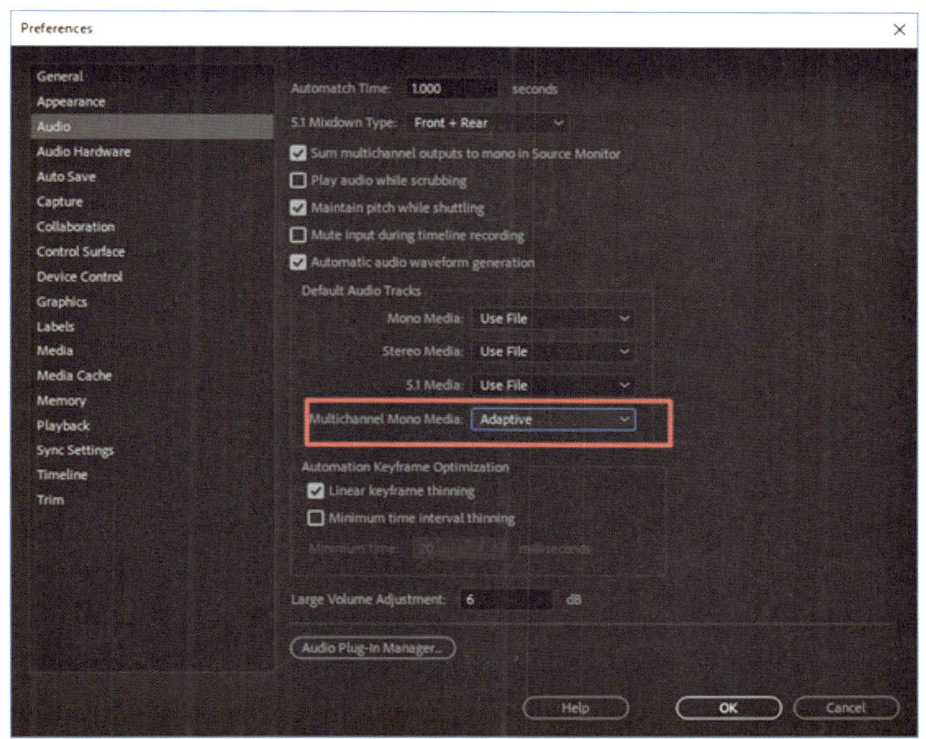

图 4-75　全景声后期调频步骤 2

注意:Insta360 Stitcher 拼接导出的时候,用户可以选择带全景声导出 WAV 声音文件,这样全景声才能作为一个独立的音轨进入 Premiere 来应用 Ambisonics 效果编辑。分别导入视频文件和音频文件(H2N 的 Spatial audio 文件或者 Insta360 Stitcher 导出的声音文件),进行同步,完成后再进行下一步。在剪辑过程中,所有的全景声应该在同轨道,且全景声轨道不可以和其他类型声音共用。

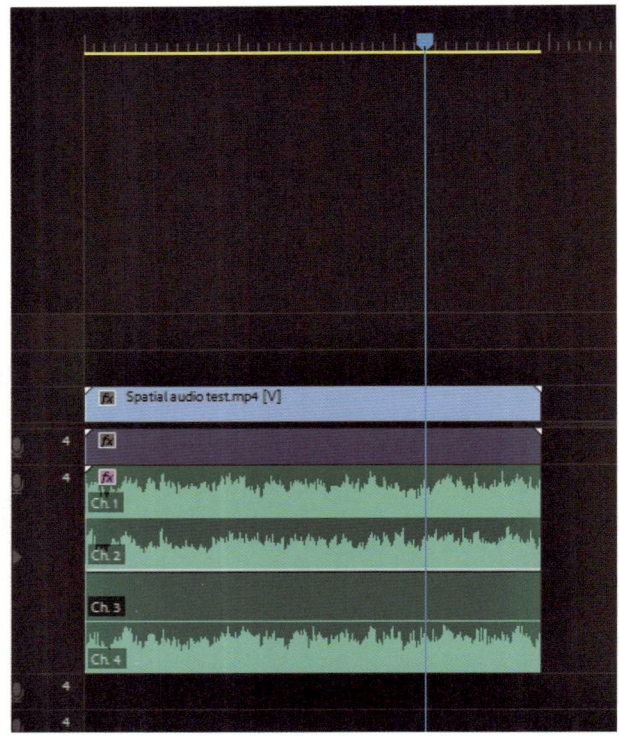

图 4-76　全景声后期调频步骤 3

打开音频轨道混合编辑器。

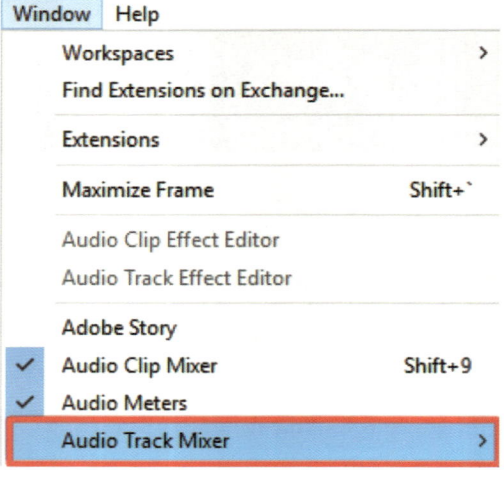

图 4-77　全景声后期调频步骤 4

　　打开 Binauralizer-Ambisonics 预览声音效果，确认声音的方位和视频画面的方位是匹配的。注意：导出视频的时候必须关闭预览声音效果。

图 4-78 全景声后期调频步骤 5

通过旋转角度，预览视频，确认画面和声音是否匹配。

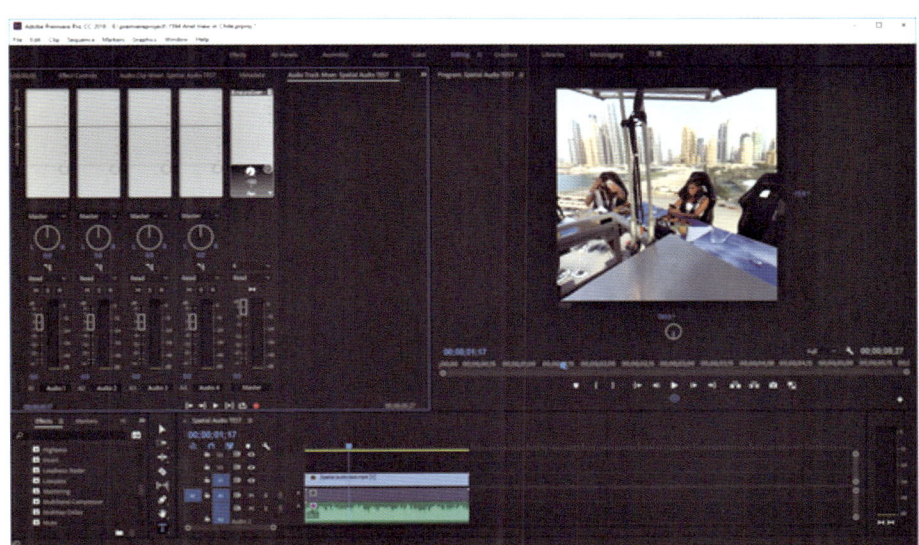

图 4-79 全景声后期调频步骤 6

图 4-80 全景声后期调频步骤 7

如果遇到不匹配的情况，可以使用声音方向编辑效果 Panner-Ambisonics，将效果添加到全景声轨道上。

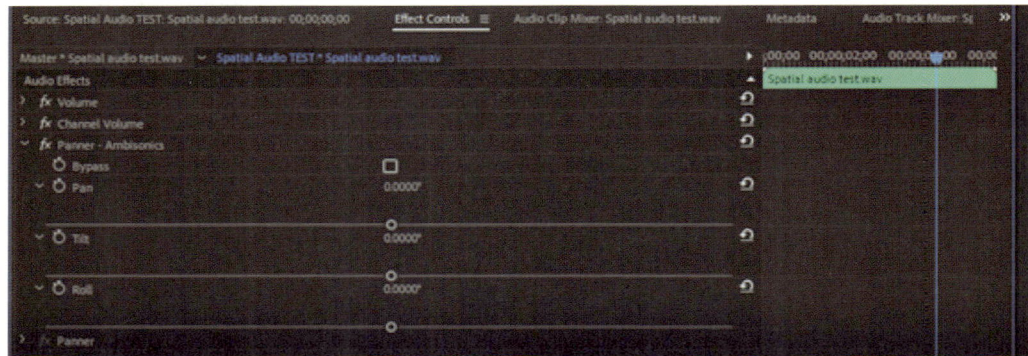

图 4-81　全景声后期调频步骤 8

打开声音效果，可以看到能够调节 Pan（水平）、Tilt（垂直）、Roll（滚动）三个方向。调节匹配视频方向后，关闭 Binauralizer-Ambisonics，就可以导出视频了。

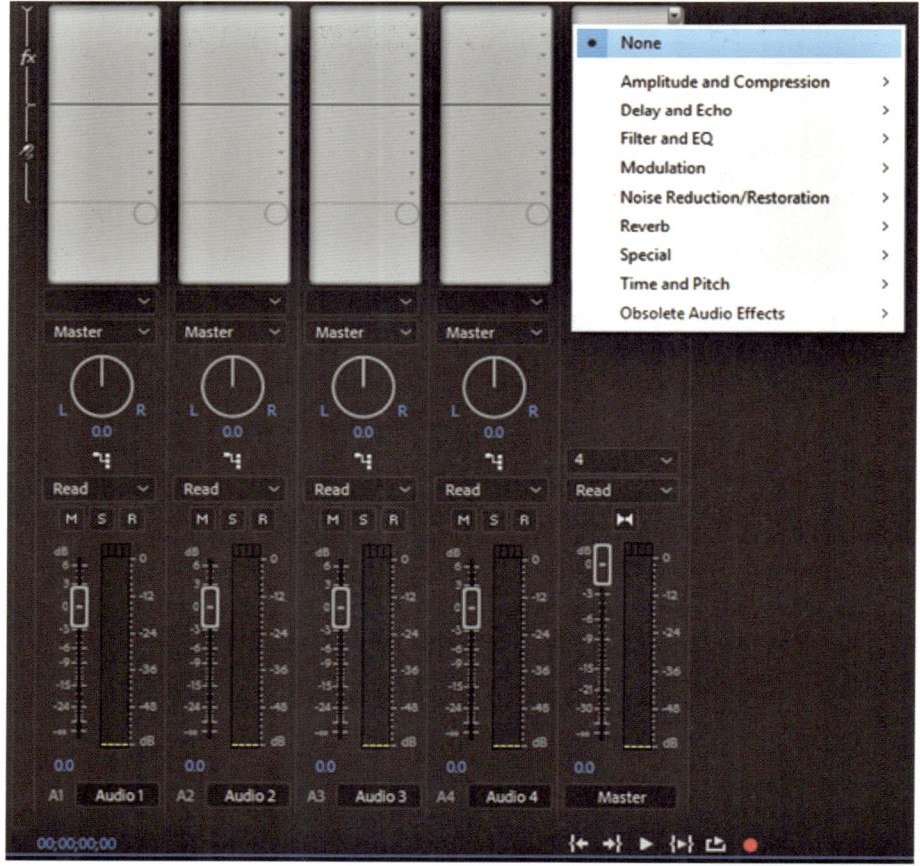

图 4-82　全景声后期调频步骤 9

使用快捷键 Ctrl＋M 进行导出，在导出界面中设置预设为"符合视频项目"，并在这里选择全景的 VR Monoscopic Match Source Ambisonics。

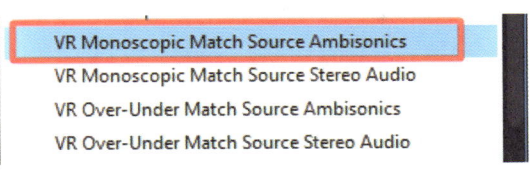

图 4-83　全景声后期调频步骤 10

检查其他设置是否和序列设置一致：H264 编码。

图 4-84　全景声后期调频步骤 11

选择符合分辨率的码率，4K 视频建议 40Mbps 以上；确认勾选 Video is VR，Monoscopic。

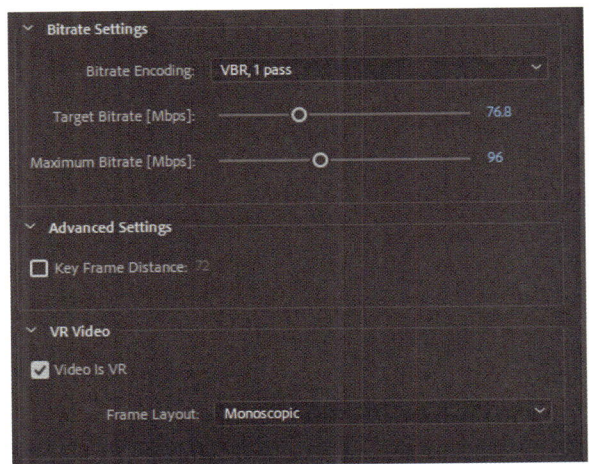

图 4-85　全景声后期调频步骤 12

在 Audio Format Settings 中确认 AAC 格式，Sample Rate 为 48 000 Hz，Channels 为 4.0，Bitrate Settings 为 512kpbs，勾选 Audio is Ambisonics，这些设置都是符合标准要求的。

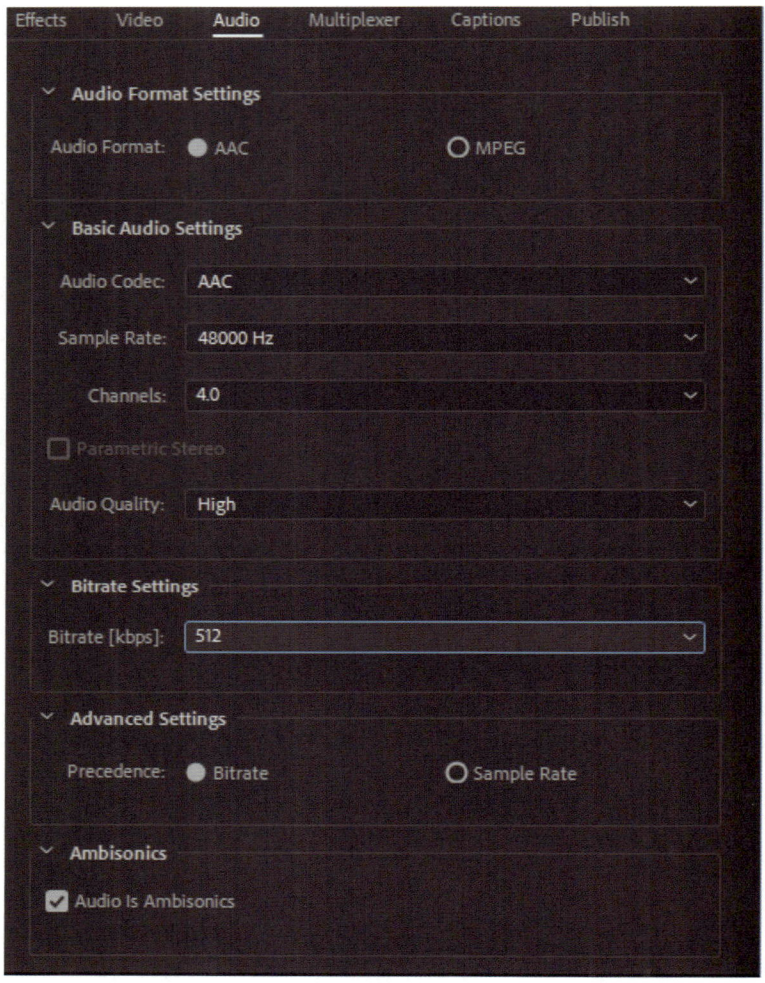

图 4-86　全景声后期调频步骤 13

第四节　VR 全景视频剪辑

Adobe Premiere 是一款专业的视频剪辑软件。

打开 Adobe Premiere，新建项目。打开之后，大致分为 5 个区域。

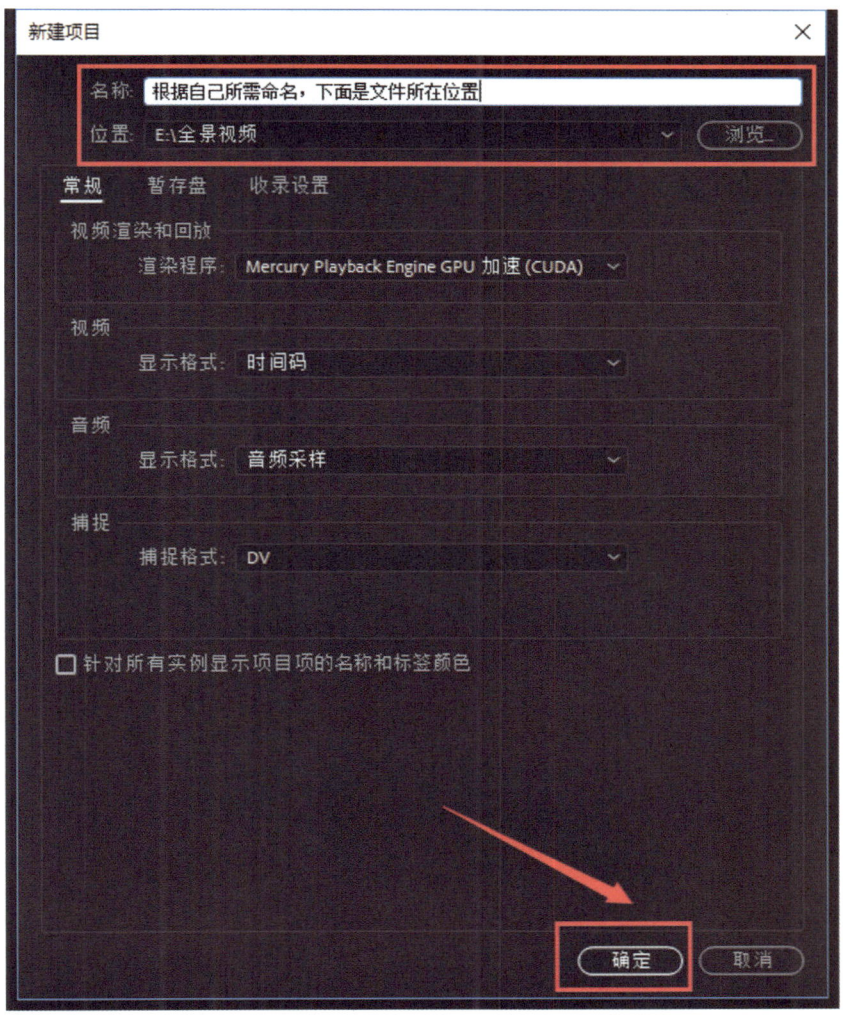

图 4-87　全景视频剪辑步骤 1

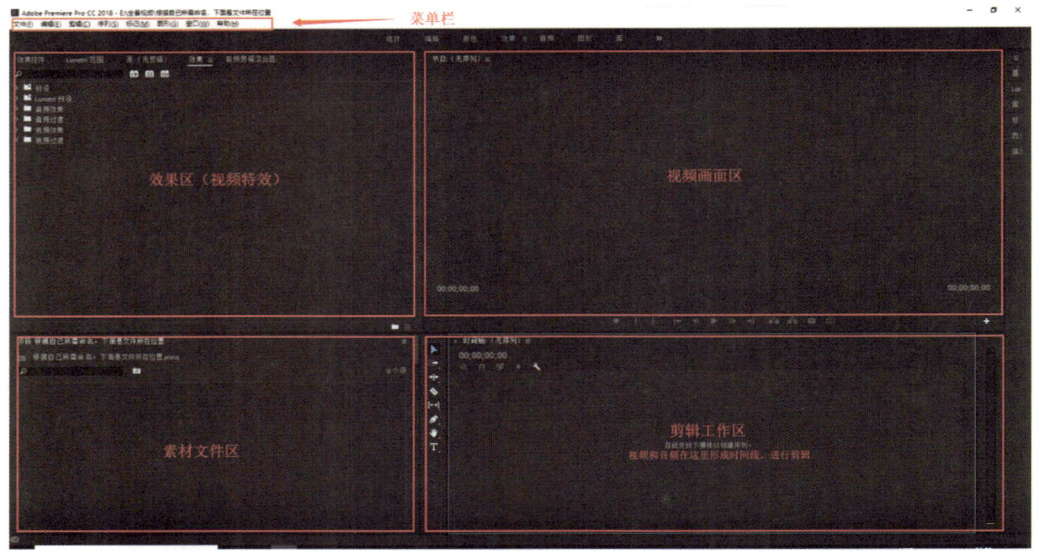

图 4-88　全景视频剪辑步骤 2

将一些视频、图片或者音频的素材拖进 Adobe Premiere，或者双击导入。

图 4-89　全景视频剪辑步骤 3

将视频素材拖拽到时间线上。

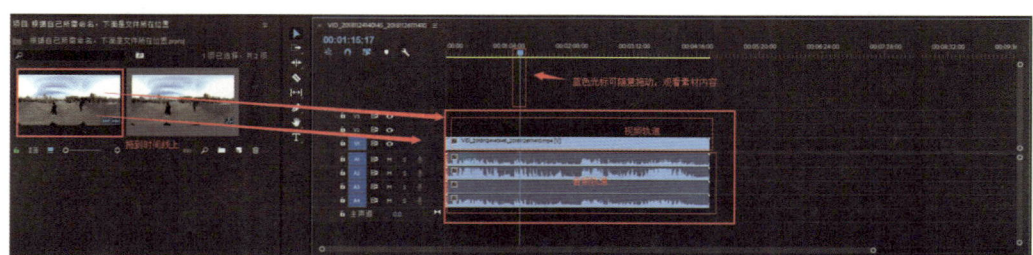

图 4-90　全景视频剪辑步骤 4

图 4-91 全景视频剪辑步骤 5

利用剃刀工具把不需要的视频进行剪切:用户可以清晰地看见视频被分为两段。

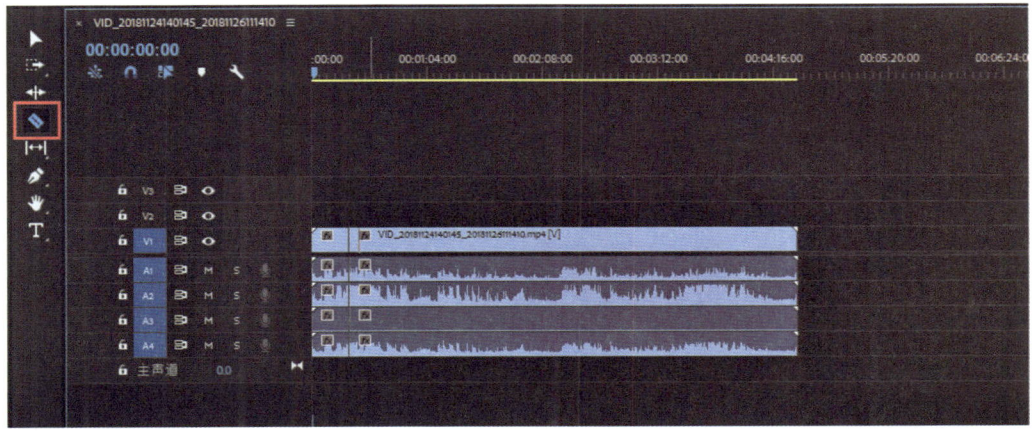

图 4-92 全景视频剪辑步骤 6

用选择工具选取要删掉的视频，点击 Delete 键进行删除。

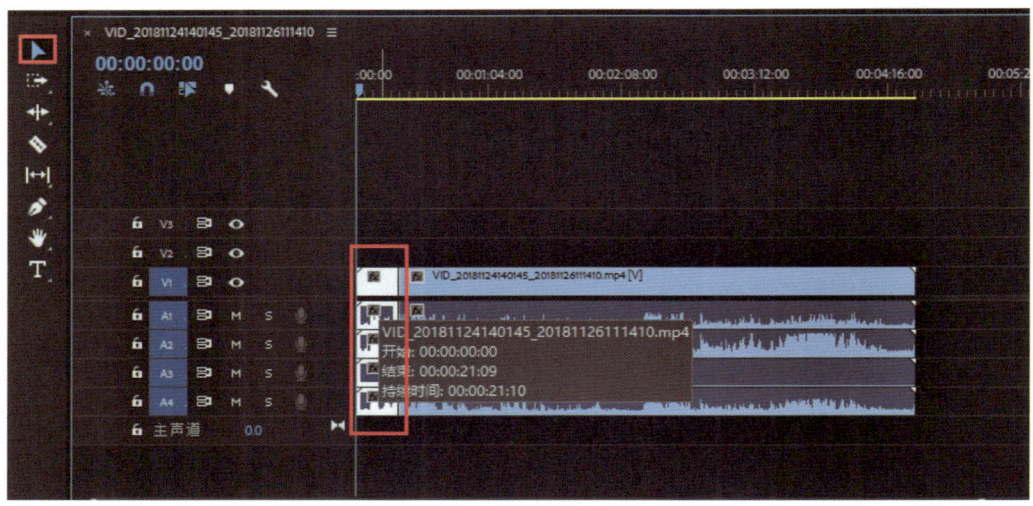

图 4-93　全景视频剪辑步骤 7

点右键选择速度/持续时间，可以对视频素材进行缩放。

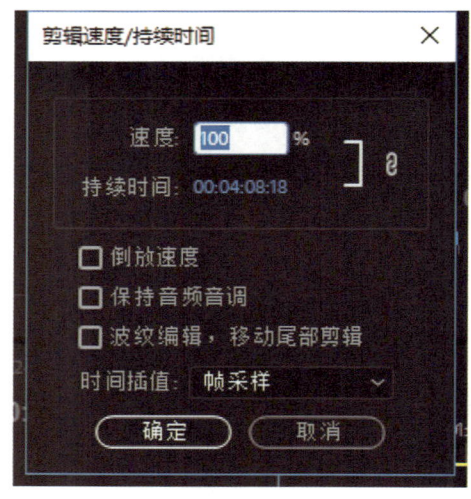

图 4-94　全景视频剪辑步骤 8

对视频增加一些特效。

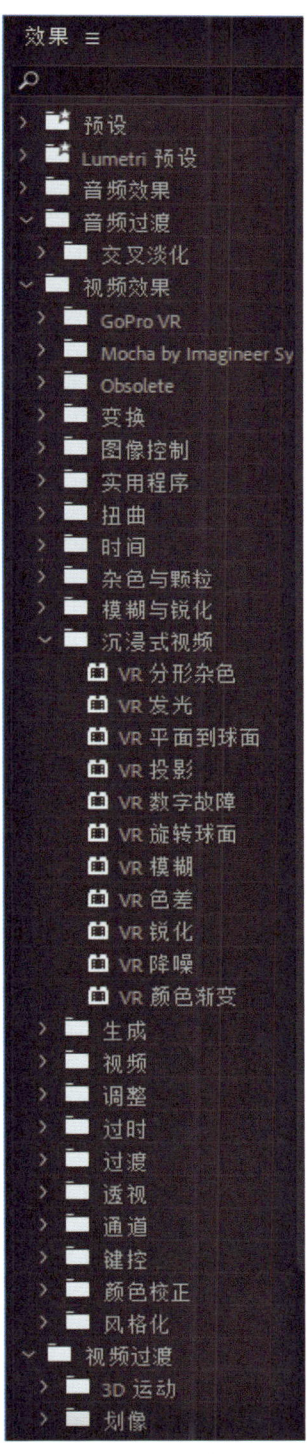

图 4-95　全景视频剪辑步骤 9

点击文字工具添加字幕。

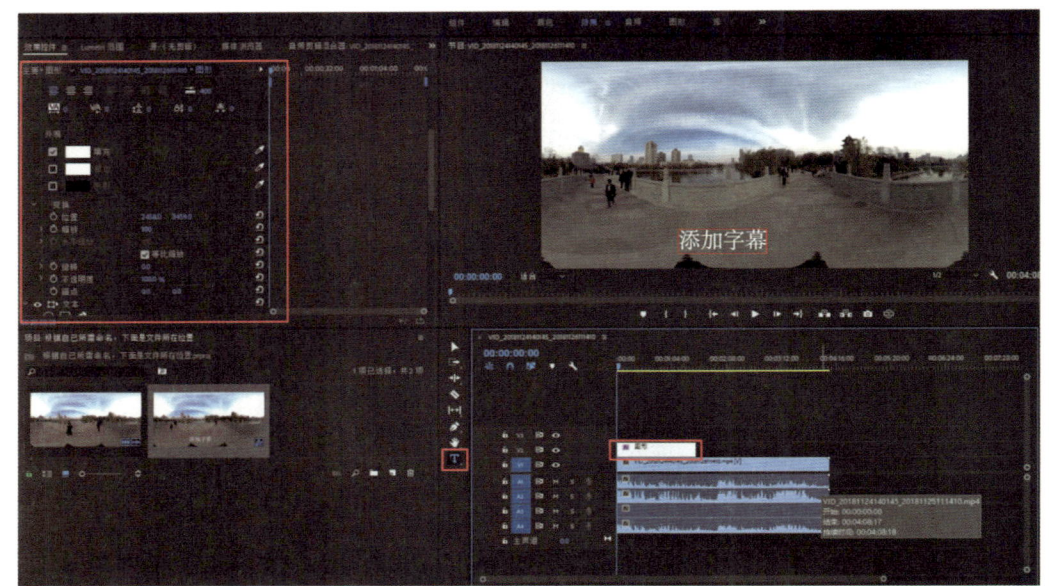

图 4-96　全景视频剪辑步骤 10

Adobe Premiere 常用的快捷键有：

Ctrl＋Shift＋V：将拷贝的剪辑视频粘贴到其他剪辑中；

Ctrl＋Alt＋V：将拷贝的剪辑中的某一属性粘贴到其他剪辑中；

＋、－：时间单位的放与缩；

V：移动剪辑工具；

C：剪切、多层剪切。

第五节　VR 全景视频上传及应用

一、全景播放器介绍

因为 Insta360 Player 具有分辨率限制而只能播放 4K 以下 H264 编码的普通全景视频，所以如果将全景视频导出为其他格式，则需要使用其他播放器进行播放，目前桌面播放器 Gopro VR Player 和 PotPlayer 对于全景视频的支持度较好。Gopro VR Player 支持 iOS X 系统和 Windows 系统。

图 4-97　全景视频播放器 Gopro VR Player

Windows 系统还可以使用 PotPlayer 进行播放。

图 4-98　全景视频播放器 PotPlayer

　　UtoVR播放器可以极速播放4K高清VR视频，跨平台支持RTMP、HLS（m3u8）等常见的视频流媒体协议，包括点播与直播，支持多种宽高比例的VR视频播放，可灵活实现VR视频的播放交互和控制。

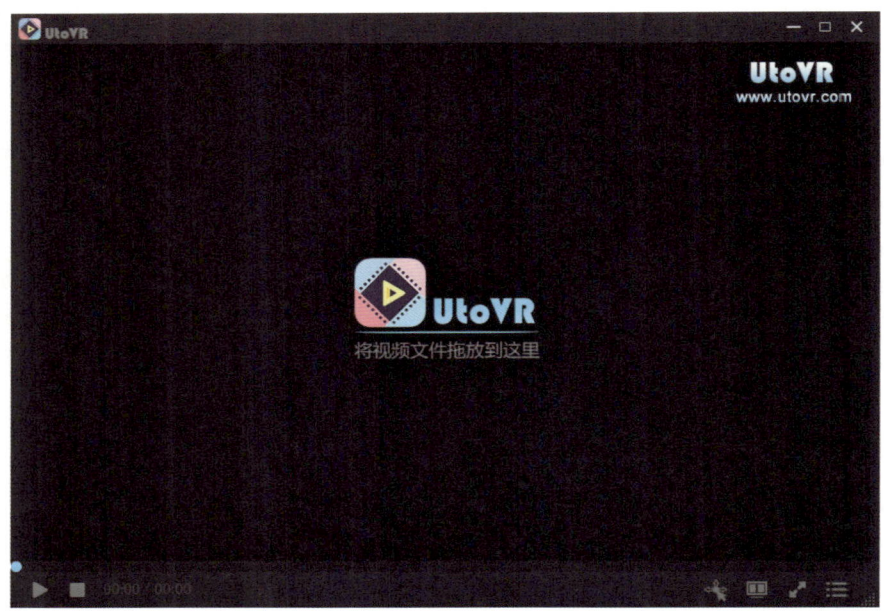

图4-99　全景视频播放器UtoVR

图4-100　播放画面示范

二、VR 平台上传

全景平台是通过上传全景数据实现全景展示的网站。

在全景行业,为方便管理和运营,大多数是将制作好的全景成品上传至统一的全景平台来展示全景,现今市场上有很多这样的平台。

具体上传方法可参照本书第三章第五节内容。

三、VR 视频载体应用

(一)Insta360 Player 播放视频

Insta360 Player 支持播放 Insta360 全景相机产生的内容,并支持画面比例为2∶1的标准全景视频和图片的播放,支持各个平台。

这里以 Windows v2.3.6 版本为例。

Insta360 Player 桌面版本支持播放 insp、insv、mp4、jpg 格式的视频和照片,视频目前仅支持2∶1比例、4K 以下的普通全景视频,不支持 3D 视频。

图 4-101　Insta360 Player 播放器界面 1

导入一个 4K 全景视频。可以通过拖拽鼠标观看全景图,右上角是预览小窗口。

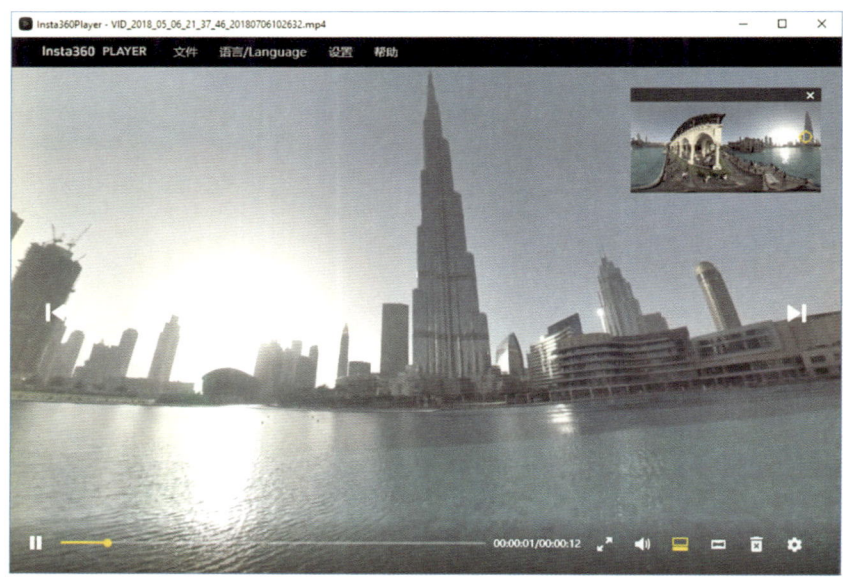

图 4-102　Insta360 Player 播放器界面 2

播放模式可以选择小行星、透视、水晶球、平铺、默认（鱼眼）。

图 4-103　Insta360 Player 播放器界面 3

播放设置中可以设置观看方式和内容类型。

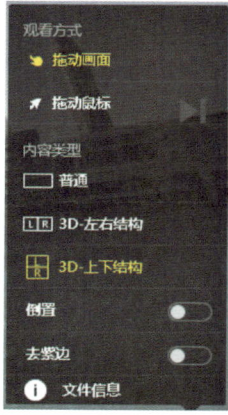

图 4-104　Insta360 Player 播放器界面 4

在导航菜单栏的文件中,用户可以选择播放流媒体,流媒体支持观看全景直播。

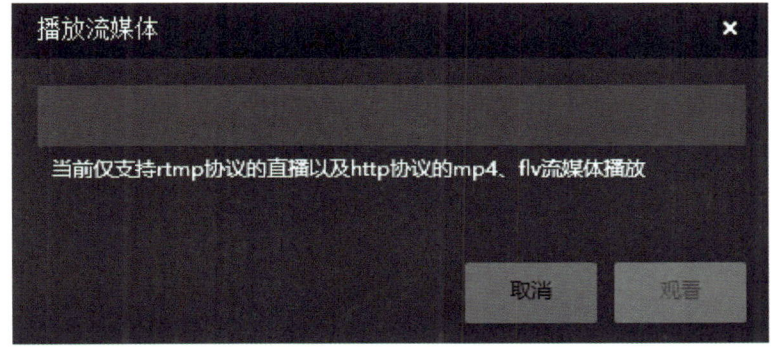

图 4-105　Insta360 Player 播放器界面 5

(二)CrystalView 全景播放器转化视频

目前市面上的手机可播放的视频分辨率最大是 4K,而 CrystalView 播放器是 Insta360 推出的全新播放技术,可以在手机上播放高达 8K 分辨率的全景视频。用户需要把已经拼接好的成片通过 Stitcher 转化成特殊的 CrystalView 格式,然后再导入支持 CrystalView 技术的播放器中,即可观看超高分辨率的超清全景视频。

用户打开 Stitcher(暂时仅支持 Windows 版本 1.8.0 及以上),点击打开顶部栏的"CrystalView 视频转化"功能,点击右上角的"导入(Import)"按钮,选择所要转化的视频。该播放器目前仅支持 H264 编码方式的 mp4、mov 视频,并且分辨率须达到 5 760×2 880(6K)及以上。

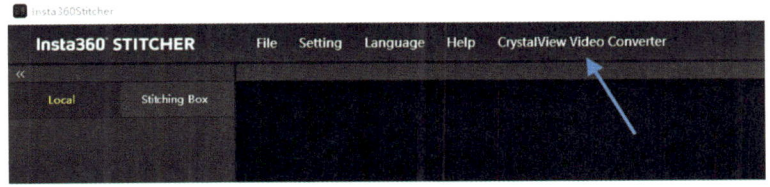

图 4-106　CrystalView 播放器界面 1

导入的每个视频会出现在下方的任务列表中,转化开始之前,用户可以点击设置任务信息里的导出目录、内容类型(指定原片是 3D 的还是 2D 的)等项目;设置好这些信息之后,点击下方的"转化(Convert)"按钮,等待视频转化结束。

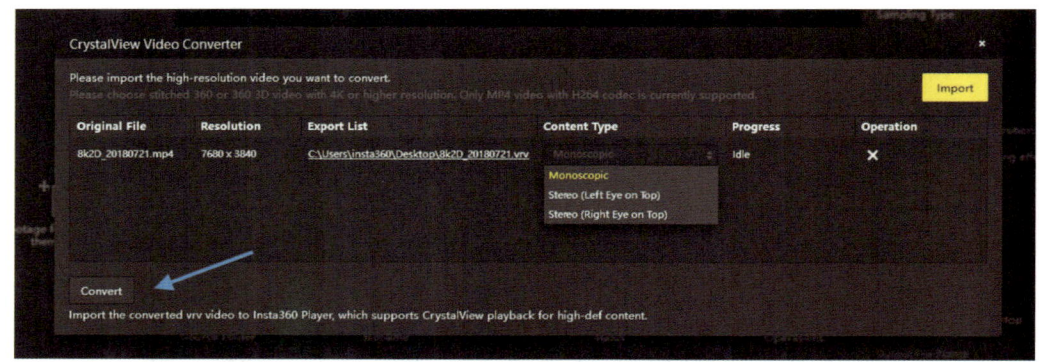

图 4-107　CrystalView 播放器界面 2

将转化成功的视频导入支持 CrystalView 技术的播放器中。支持的播放器有 Android、iOS、GearVR,以及 Oculus Go 平台上的 Insta360 Moment 播放器。

(三)播放器导入内容的方法

1. Android Insta360 Moment 播放器

(1)目前推荐使用达到骁龙 835、Exynos8895、麒麟 970 或更高性能的 CPU 的 Android 设备来运行此播放器(小米 6/Mix2 及更高机型、三星 S8 及更高机型、华为 Mate10/P20 及更高机型)。

(2)使用 Android Transfer 等工具,连接用户的 Android 手机与电脑,将电脑上转化好的 vrb 文件导入 Android 手机目录里的 Insta360 Moment 目录下。

(3)重新打开 Insta360 Moment 应用,刷新内容列表,点击新添加的内容进行播放。

2. iOS Insta360 Moment 播放器

(1)目前推荐使用 A11 及以上处理器的 iOS 设备来运行此播放器(iPhone 8 及更高机型)。

(2)打开电脑端的 iTunes 软件,连接电脑与用户的 iOS 设备。

(3)在 iTunes 界面选择进入用户的 iOS 设备,在"文件共享"目录下,找到 Insta360 Moment 下的 IMPORT 文件夹。

（4）在电脑上新建一个名为"IMPORT"的文件夹，并将转化好的 vrb 文件拷贝到这个目录下。

（5）复制添加了新内容的 IMPORT 文件夹到用户 iTunes 的设备文件共享目录下的 Insta360 Moment/IMPORT 目录中，进行文件夹替换。已添加过的内容可以不再重复添加。

（6）重新打开 Insta360 Moment 应用，刷新内容列表，点击新添加的内容进行播放。

3. GearVR Insta360 Moment 播放器

（1）目前推荐使用达到骁龙 835、Exynos8895 或更高性能的 CPU 的三星手机来运行此应用（三星 S8 及更高机型）。

（2）在三星手机上安装好 Oculus Home，并在应用商店中下载 Insta360 Moment 应用，点击打开运行一次。

（3）使用 Android Transfer 等工具，连接用户的三星手机与电脑，将电脑上转化好的 vrb 文件导入三星手机目录里的 Insta360 Moment 目录下。

（4）点击打开 Oculus Home 中的 Insta360 Moment 应用，根据提示插入三星手机，安装到 GearVR 中观看。

4. Oculus Go Insta360 Moment 播放器

（1）在 Oculus Go 上的资源库中，搜寻 Insta360 Moment，点击打开运行一次。

（2）使用 Android Transfer 等工具，连接用户的 Oculus Go 与电脑，将电脑上转化好的 vrb 文件导入到 Oculus Go 目录里的 Insta360Moment 根目录下。

（3）打开 Oculus Go 中的 Insta360 Moment，刷新列表，点击新添加的内容进行观看。

以下为兼容机型列表（表 4-1）：

表 4-1　兼容机型列表

平台	支持的 CPU 型号（持续更新）	手机型号（持续更新）
Samsung GearVR	骁龙 845	Galaxy S9/S9＋ Galaxy Note9
	骁龙 835	GalaxyS8/S8＋
	Exynos 8895	GalaxyS8/S8＋ Galaxy Note 8
	采用 Exynos9810 的 Galaxy S9/S9＋、Galaxy Note。因为 CPU 并非采用标准架构，所以没法发挥稳定的性能去播放 8K 视频，使用时会产生卡顿、碎片等情况，不建议使用	

平台	支持的 CPU 型号（持续更新）	手机型号（持续更新）
iOS	A11	iphone X iPhone 8 iPhone 8 Plus
	A12	iPone XS iPhoneXS Max iPhone XR
Android	骁龙 845	Galaxy S9/S9＋/Note 9 Xiaomi 8 Xiaomi MIX 25 One Puls 6 OPPO Find X Google Pixel 3/Pixel 3 XL
	骁龙 835	Galaxy S8/S8＋/Note8 Xiaomi 6 Xiaomi MIX 2 One Puls 5/5T Google Pixel 2/Pixel 2 XL
	Exynos 8895	Galaxy S8/S8＋ Galaxy Note 8
	采用 Exynos 9810 的 GalaxyS9/S9＋、Galaxy Note9 因为 CPU 并非采用标准架构，所以没法发挥稳定的性能去播放 8K 视频，使用时对产生卡顿、碎片等情况，不建议用于播放 8K 视频，但可以用于播放 6K 视频	
	Kirin 970	华为 Mate 10 Mate 10 Pro Mate 10 保时捷设计 荣耀 V10 华为 P20 荣耀 10 荣耀 Note 10
	Kirin 980	华为 Mate 20 Mate 20 Pro 荣耀 Magic 2
OculusGO	采用骁龙 821 的 OculusGo 并不具有稳定的性能去播放 8K 视频，使用时会因为发热越来越严重产生卡顿、碎片等情况，不建议用于播放 8K 视频，但可用于播放 6K 视频	

四、其他 VR 全景视频播放平台

(一)蓝光 VR 大师

系统：Android/iOS。

亮点：VR 雷达、蓝光传屏、VR 视频内容丰富。

蓝光 VR 大师是一款提供 3D 电影、全景视频、VR 视频播放、VR 游戏下载的 VR 资源聚合平台,蓝光 VR 大师不仅更新快,兼容性也极佳,支持市面上大部分的 VR 盒子眼镜。在 VR 内容领域,蓝光 VR 大师不仅有 CJ、漫展等二次元高清视频,而且有奥运会的实时全景视频和众多高清无码的欧美大片资源;不仅具有特色的分享雷达功能,而且支持用户导入视频文件,让用户分享和搜索 VR 资源,形成一个 VR 交流平台。

(二)3D 播放

系统：Android/iOS。

亮点：多平台支持、VR 视频丰富。

3D 播放系统是综合性平台,上面不但有海量的 3D 影视动画、360 度全景视频、VR 电影首播、3D 游戏、VR 游戏等在线高清内容,而且还支持手机本地 2D/3D/360 度全景视频的播放,同时还支持用户分享 VR 视频内容。

3D 播放系统本身的 VR 资源也是相当丰富的,用户可以在里面找到很多 3D 视频、电影、动画、音乐,让 VR 眼镜不再是摆设。3D 播放系统有别于其他 App 的是,它除了支持市面上主流的手机盒子外,还兼容乐视超级电视、小米电视、小米盒子、天猫魔盒等智能设备。

(三)UtoVR

官网：http://www.utovr.com/。

支持平台：Windows、MAC、安卓。

UtoVR 是国内最专业的 VR 全景视频平台,提供高清 VR 全景视频片源下载、在线浏览 VR 全景视频内容,并提供 VR 全景视频拍摄、VR 全景视频拼合、VR 全景视频制作、VR 全景视频解决方案等。

(四)VR Player

官网：http://www.vrplayer.com/。

平台：Android、Windows。

VR Player 的免费版功能已经相当不错了，支持 2D/3D/360 度全景图片和视频，支持 sbs/上下格式 3D，可以播放本地视频及在线 URL，支持. srt 字幕。

（五）Kolor Eyes

官网：http://www. kolor. com/。

支持平台：Android、iOS、Windows、MAC。

Kolor Eyes 是一款免费的全景视频播放器，也是专业的 360 度全景视频播放器，可以充分发挥 360 度全景视频的效果。在播放时用鼠标拖动画面，可调整视角，从不同的角度欣赏视频。如果是普通视频，也能播放出 360 度视频效果，只是效果稍微差点。

第五章　VR 全景直播

随着 VR 直播技术的日益成熟，用户对其的信赖程度也愈来愈高。VR 直播可以打破原有的手机屏幕空间的限制，拉近用户与直播者之间的距离，促使用户完成由围观者到参与者的身份转变。当下，Facebook、新浪微博、爱奇艺 VR、优酷 VR、YouTube、Twitter 等平台均推出 360 度 VR 直播功能，并致力于借助其强交互性为用户打造全新的 VR 社交可能。

通过开启 VR 直播，天各一方的好友能够打破空间壁垒，面对面地分享彼此喜爱的事物；在外旅行的用户还能借助 VR 直播，让远方的好友进入自己所处的场景，甚至站在用户的身边共同分享异域的美景。此外，VR 直播的互动性将被大大提升，更多的人能够更容易地了解 VR 直播。

在 VR 直播中，用户可以自行选择视角对画面进行观察捕捉。它完全打破了传统视频的"画框"，从而完成了由"内容决定用户"到"用户决定内容"的转变。Facebook 等巨头由 VR 直播来打造 VR 社交，不单因为其已经拥有广大的用户群，更因为 VR 直播在同等成本的前提下可以达成完全不逊于 VR 社交应用的沉浸式体验。"一秒"走街串巷，"一秒"大漠斜阳……VR 直播为用户提供了认识世界和进行社交的不同方式。正因如此，VR 直播就具有更强的互动性与实时性了。

VR 直播的发展离不开 5G 网络的加持。因为 4G 网络无法支撑 VR 直播时产生的庞大数据量，所以在 VR 直播时就会出现细节还原不清晰、直播内容延迟、直播中断等问题。一段几秒钟的 VR 视频数据流量可达几十兆甚至几百兆，由于 4G 网络的速率限制，用户无法仅靠移动网络来观看体育赛事、演唱会等大型场景的 VR 直播。一直以来，VR 超高清直播都是通过有线网络——摄像机拖着一根网线才能实现直播，这也极大地限制了 VR 直播的移动化。相比 4G 移动网络，5G 最快会有百倍的网速提升和毫秒级的延迟。

VR 对延迟极其敏感，要实现"这一切都是真实的"体验，延迟要保持在毫秒级才能缓解"眩晕感"。因此，5G 网络对 VR 直播非常重要。

第一节　VR 全景直播准备

一、直播的基础准备

(1)Insta360 Pro 2。

(2)三脚架。

(3)录音设备。

(4)电脑或手机。

(5)多接口路由器。

(6)网线及电源设备。

(7)4G 路由器(可选)。

二、直播的配件选择

(1)脚架的选择:推荐使用 VR 专用独脚架,或 1/4 接口的三脚架。

(2)录音设备:3.5mm 接口麦克风、USB 接口麦克风、调音台,或无线话筒麦克风。

(3)操控设备:有网线接口或可转接网线接口电脑,手机端或者 iPad 端安装 Insta360 Pro App。网络最好用 20 兆以上的网络专线。

(4)4G 无线网卡:有网线接口即可(注:在人多的环境下会导致网络速度减慢)。

三、直播前的连接与拼接校正

(一)连接

将电脑或手机连接至与 Insta360 Pro 2 同一个局域网中。连接方式如下:

1. 全部连接网线

(1)将外网接入路由器。

(2)从路由器中分出两条网线,一条接入 Insta360 Pro 2,另一条接入电脑(如果外网连接成功,此时 Insta360 Pro 2 上的 IP 地址不会显示为 0.0.0.0 或 192.168.43.1,否则说明连接失败)。

(3)电脑输入 Insta360 Pro 2 上显示的 IP 地址即可连接成功。

（4）设置用户所需的直播设置。

2. 路由器无线连接

（1）将外网连接至 WiFi 路由器。

（2）从路由器中分出一条网线连接 Insta360 Pro 2（如果外网连接成功，此时 Insta360 Pro 2 上的 IP 地址不会显示为 0.0.0.0 或 192.168.43.1，否则说明连接失败）。

（3）将手机或电脑通过 WiFi 连接已连接 Insta360 Pro 2 的 WiFi 路由器，输入 Pro 2 上显示的 IP 地址即可连接。

（4）设置用户所需直播设置。

3. 4G 无线网卡连接

（1）将 4G 路由器通过网线连接至 Insta360 Pro 2（如果外网连接成功，此时 Insta360 Pro 2 上的 IP 地址不会显示为 0.0.0.0 或 192.168.43.1，否则说明连接失败）。

（2）将手机或电脑通过 WiFi 连接至已连接 Insta360 Pro 2 的 4G 无线网卡，输入 Pro 2 上显示的 IP 地址即可连接。

（3）设置用户所需直播设置。

（二）开始直播

（1）首先打开软件，如图 5-1。

（2）出现如图 5-2 对话框，连接相机和 Insta360 信号接收器。

图 5-1　Insta360

图 5-2　Insta360 的 PC 端界面显示

（3）输入机器显示器上的 IP 码，相机连接后会出现如图 5-3 的画面。

（4）点击"直播"右边出现的"基础设置"对话框。

（5）编辑"基础设置"。

- 模式：选择"自定义 RTMP 服务器"。

- 投影模式：选择"平铺"。

- 直播协议：选择"RTMP"。

- 分辨率：选择"4K（3 840×2 160）"。如上网速度不高，需要降低分辨率。

- 码率：选择"4Mbps"。如上行网速不高，需要降低码率。

- 推流地址：复制填写"VR 直播网站上的推流地址"。

- 流密钥：复制填写"VR 直播网站"上的流密钥。

- 曝光设置：一般设置模式为"制动曝光"，如特殊情况，可选择手动曝光或各镜头独立曝光。

- 画面参数：亮度、饱和度、对比度可根据实际情况进行调整。

所有的设置都调整好后，点击"LIVE"按键开始直播。

（三）拼接校正

相机的机内拼接效果取决于具体拍摄场景。比如相机在远景和近景的效果会有差别。所以用户如果对预览或者试拍一些作品发现实时拼接的效果（直播、录像实时拼接）不满意时，可以用相机的这个功能校准（注：请勿在无明显特征的环境下进行拼接校准，例如大片的白墙等）。

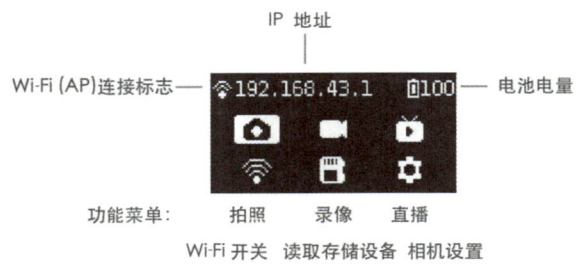

图 5-3　相机屏幕显示图

进入该功能后，用户请按提示在 5 秒内远离相机 1 米远，以便倒计时结束后的拼接校准可以获得最好的效果。

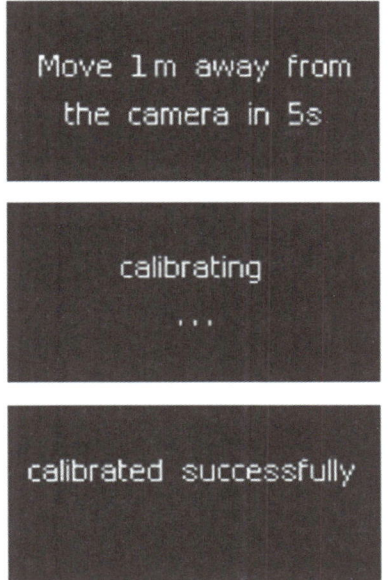

图 5-4　相 机 屏 幕 显 示 图

若在电脑端进入"拼接校准"功能，可采用如下步骤：

点击"拼接校准"按钮。

图 5-5　Insta360 的 PC 端界面显示

点击"开启"。

图 5-6　需要拼接校准的画面

根据拼接校准后的画面选择用户所需要的选项，如果没有问题，点击"完成"键。

图 5-7　拼接校准后的画面

第二节　VR全景直播拍摄现场

一、室内直播

(一)前期准备

确定现场机位(尽量靠近被摄主体)。

确定现场电源以及网线是否接通,并可以在所定机位安装连接(网络需20M/s以上的上行带宽专线)。

(二)直播阶段

拼接校准。

根据直播需求进行相应设置。

(三)模式选择

机内服务器推流:本地播放器的推流。

自定义RTMP服务器:填写直播平台提供的RTMP服务器地址。

HDMI输出:通过HDMI线输出至显示器、导播台、电脑等设备。

航拍:连接航拍图传设置,根据需求选择全景或3D全景。

(四)选择直播协议

目前主要有以下直播协议可供选择:

1. RTMP(Real Time Messaging Protocol,实时消息传送协议)

RTMP是Adobe Systems公司为Flash播放器和服务器之间的音频、视频和数据传输开发的开放协议。

2. RTSP(Real Time Streaming Protocol,实时流传输协议)

RTSP定义了一对多应用程序如何有效地通过IP网络传送多媒体数据。RTSP提供了一个可扩展框架,数据源可以包括实时数据与已有的存储数据。该协议的目的在于控制多个数据发送连接,为选择发送通道(如UDP、组播UDP与TCP)提供途径,并为选择基于RTP上的发送机制提供方案。

3. HLS(Http Live Streaming)

HLS是由苹果推出的基于HTTP的流媒体传输协议。HLS有一个非常大的优点是 HTML5 可以直接打开播放,这意味着可以把一个直播链接通过微信等转发分享,不需要安装任何独立的 App,只要有浏览器即可,所以流行度很高。

分辨率、帧率和码率设置要根据用户选择的直播平台来决定。如设定中没有用户所需的分辨率,点击"自定义"即可设置(分辨率不能大于3 840×3 840)。

特别提示:用手机端观看时,推荐将码率调整为 4Mbps。如果还有卡顿,先排除是否是因为手机卡顿引起的;如不是,请选择更低的码率(造成卡顿的原因很多是因为上传带宽不够)。

(五)自定义 RTMP 服务器

如果用户在模式中选择"自定义 RTMP 服务器",就可以填写平台提供的"推流地址"以及"流密钥"。平台推流时注意区分"推流地址"和"推流密钥"。

二、室外直播

(一)前期准备

准备好电池以及 4G 无线网卡。

(二)直播阶段

将 4G 无线网卡通过网线与 Insta360 Pro 2 连接。

连接成功的情况下,Insta360 Pro 2 上的 IP 地址不会显示为 192.168.43.1 或 0.0.0.0。

电脑或手机连接 4G WiFi 网卡发出的 WiFi 信号。

打开 App,输入 Insta360 Pro 2 上显示的 IP 地址。

开始拼接校准。

选择"直播",填写自己所需参数以及地址。

点击"开始"即推流成功。

第三节　VR 全景直播注意事项

一、勤测试

事先创建好直播房间,配置相关信息——广告位、广告链接、图文介绍等。需要将直播链接嵌入自己的网站、App 或者微信公众号里的用户需提前做好准备,嵌入时遇到问题要及时联系你的专属商务。在条件允许的情况下,尽早到活动现场进行直播环境的搭建和测试。如果用户无法到达活动现场,可以尝试搭建模拟环境进行测试。在活动开始前一个小时,用户进行最后的测试检验,确保活动顺利进行。

二、网络满足

带宽要足够,以保证每场直播的稳定性与画质的清晰度。一场高质量的 VR 直播需要 20M/s 以上的上传速度,以专线网络为最佳。

三、熟悉设备

VR 直播会涉及各种各样的设备,用户要提前了解活动当天需要用到的所有设备,准备好相关配件,提前熟悉设备,并做好测试。

四、设备备用

为确保在直播时万无一失,用户在开播前需另准备一套音频系统和摄像设备以及电源、网络、收音设备等作为备用。

五、光线调试

若光线条件较差,直播画面会出现画质低、块状图像、马赛克等问题。用户在开播前要通过图传观察现场光线,并进行调试。

六、声音调试

直播时,除画面外,声音效果也会影响客户的体验。导播台接出独立的音频信号可以避免出现声音嘈杂、信号混乱、回音等问题。现场声音极为嘈杂时,用户需提前配备专业的收音设备。

第四节　VR 全景直播平台

一、微博直播

(1)连接相机,并拼接校准。

（2）打开"http：//tools. Insta360. com/live"创建直播。

（3）绑定微博（注：蓝 V 需要向微博方面申请才可直播）。

（4）选择自定义 RTMP 服务器（Custom RTMP Server），然后复制、粘贴 RTMP URL 以及流名称。

（5）点击"LIVE"即可开始直播（注：微博直播只可以在手机端观看，电脑端无法观看）。

（6）根据微博直播的相关政策限制，海外 IP 地址的网络无法正常进行微博直播。

二、YouTube 直播

（1）连接相机并拼接校准。

（2）在 YouTube 上创建一个直播活动，地址为"https：//www. youtube. com/my_live_events"。

（3）在高级设置中，勾选"360 度视频"这一栏。

（4）根据需求以及网络环境来选择码率。

（5）选择自定义 RTMP 服务器（Custom RTMP Server），然后复制、粘贴 RTMP URL 以及流名称。

（6）点击"LIVE"即可开始直播。

三、Facebook 直播

（1）连接相机并拼接校准。

（2）打开"https：//www. facebook. com/live/create"创建直播，并在设置中勾选"360 度全景视频"。

（3）选择自定义 RTMP 服务器（Custom RTMP Server），然后复制、粘贴 RTMP URL 以及流名称。

（4）点击"LIVE"即可开始直播。

除以上直播平台之外，还有一些按照流量和并发数收费的平台，如 UtoVR、爱奇艺 VR、优酷 VR、未来云、720 云等。

近年来，随着我们国家大力推进 5G，VR 直播呈现井喷态势。5G"高速/大容量"的特征让 VR 直播更加流畅，有利于提高观众的观赏体验。虚拟现实会为观众带来革命性的观看体验。2018 年 11 月 12 日，美国男篮职业联赛（NBA）的萨克拉门托国王队就尝试推出新的 VR 直播技术,借助这种技术的优势,球迷可以像坐在场边一样观看比赛。2019 年 2 月 3 日江西卫视春节联欢晚会播出,借助江西联通及中国联通 5G 创新中心提供的技术支持,此次江西"春晚"重磅推出了"5G＋360°8K VR 看春晚",这也是电视史上首个基于 5G 网络的超清全景 VR"春晚"。2019 年 2 月 4 日除夕夜,中央电视台"春晚"主会场与深圳分会场的 5G＋VR 超高清直播视频顺利接通并传送,画面流畅、清晰、稳定,标志着中国电信央视春晚 5G＋4K 超高清直播工作的圆满完成。2019 年 2 月 13 日至 19 日,山东省正式迎来省政协十二届二次会议和省十三届人民代表大会第二次会议。本次会议相比以往增加了一个新亮点,即首次通过 5G＋VR 进行全景实时直播,让观众身临其境地感受到了山东"两会"现场的氛围。2019 年 3 月 3 日,全国政协十三届二次会议在北京开幕。在位于梅地亚的"两会"新闻中心和政协代表驻地北京铁道大厦等地,首次由运营商实现了 5G 全方位服务。

技术服务内容,只有更好地掌握和应用技术,才能推动 VR 直播更好、更快地服务社会,进而应用于更多有需要的行业。

第六章　VR 行业应用

一、房地产＋VR

房地产＋VR，规模之大你想象不到。通过 VR 技术，客户将会有更棒的看房体验，看房人的手一挥房子就来了，一推门就能进到未来的家。目前中国市场是卖期房，而 VR 是能够呈现未来世界最直观的方式。"VR＋移动互联网＋房地产"全新模式的开创，让消费者可以通过 VR 体验产品，逼真还原消费者看房、购房的真实体验；此外，房屋的周边景观、俯瞰实景图、样板间陈列等统统看得见。

图 6-1　房地产＋VR

二、教育＋VR

通过 VR，老师可以实现实时教学，满足学生与各国优质资源的面对面对话交流，实现寓教于乐；老师还可以通过 VR 带着学生在非洲草原上观看各种植物、动物，或者去海岛、游乐园里学习、参观、玩耍。

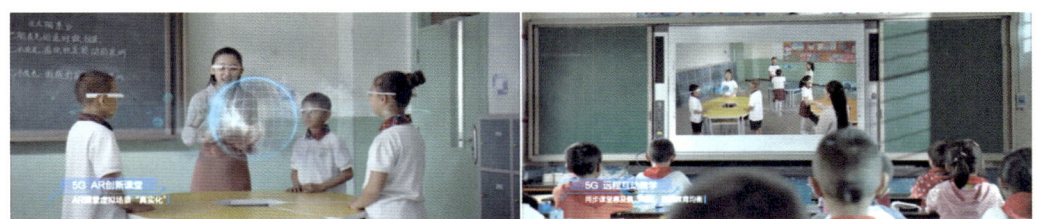

图 6-2　教育＋VR①

三、医疗＋VR

随着现代科学技术的进步，如能完善和传承医学技术，并在医疗过程中融入 VR 技术，将大大减轻病人的痛苦。

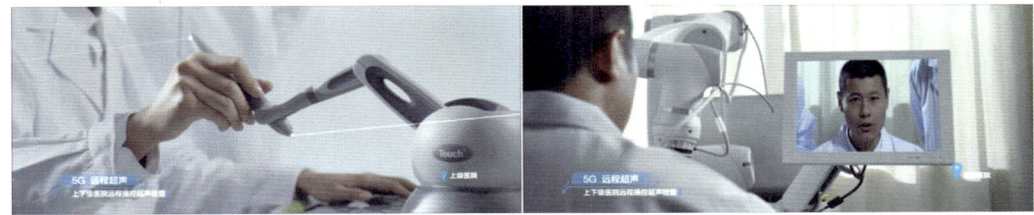

图 6-3　医疗＋VR②

四、汽车＋VR

汽车作为被互联网思维影响的最后一个传统行业，近年来受到了互联网思维、互联网＋、新零售、智能科技的猛烈冲击。如今伴随着新造车势力的兴起、传统汽车品牌营销方式的转变，以及自动驾驶的普及与应用，VR 虚拟现实技术已经渗入汽车各产业链中。从整车全景展示到虚拟 4S 店，再到虚拟驾车训练，甚至在未来，C2B 个性定制化造车也将成为可能，而 VR 技术、内容的创新将是其发展的原动力。

图 6-4　汽车＋VR

①② 　图片来源于中国移动 5G 宣传片。

五、影视＋VR

由史蒂文·斯皮尔伯格导演的《头号玩家》把处于寒冬期的VR行业推至高潮，吸引了大量用户的关注，带动了VR行业的发展。张艺谋、贾樟柯、黄晓明、任泉等都已跻身于VR创业创作的热潮中。VR作为新技术，优质内容相对缺乏，在影视领域更是如此。

图 6-5　影视 ＋ VR

在"互联网＋"和"中国制造2025"的时代背景下，国内虚拟现实硬件性能不断提升，产品迭代速度加快，内容也从制作到创造和创新不断迈进，"＋VR"或将成为相关产业增长的新亮点。

六、人文＋VR

以前，游客只能在秦始皇兵马俑坑外远远地观望，有了VR之后，自己就能化身为兵马俑，低头便是残破但威严的身体。很显然，通过VR，历史文化将焕发出不一样的生机。

制作方在兵马俑VR体验中心内设立了站立式VR体验仓、VR影院播放系统、VR影院管理系统、VR影院票务系统等。在兵马俑VR影片的内容制作方面，制作方特地聘请了海内外顶级制作团队，为VR影院的建设奠定坚实的基础。

通过这一VR体验，观众将能以更直观的角度观察"世界八大奇迹"之一的秦始皇兵马俑,并观看相关影片。对于孩子来说,这是一种有趣的学习方式;对于普通观众来说,则是一种新奇的娱乐体验。

除此之外,国内外多家企业还尝试将 VR 技术与江南名楼滕王阁、云冈石窟第十八窟、泰坦尼克号、甲午海战等著名 IP 强强联合,开辟出一条"VR＋人文"的全新展现模式。

七、城市规划＋VR

在过去的城市规划中,规划方案的设计主要是依靠三维效果图、三维动画和实体建筑沙盘进行展示的。作为城市规划的最基本环节,现行方案设计的方式并不能满足工作需求,在方案呈现上还存在许多不足;另外,实体建筑沙盘的制作周期十分漫长,对细节的刻画也不够清晰;三维效果图只能以静态单一的角度展示方案,在内容传达上不够全面;至于三维动画,虽然在内容表现力上增强了不少,动态性的场景展示也解决了不少问题,但由于不具备实时交互性,观看者只是被动地接受展示的内容。

VR 虚拟现实的引用,能够弥补过去城市规划设计展示方式中的诸多不足,将设计方案立体呈现,甚至可以实现各种数据的可视化,利用逼真的虚拟场景构建未来城市,将未来带到人们的眼前。虚拟现实技术能够带来高度沉浸感,让方案设计师身临

图 6-6　城市规划＋VR

其境地游览自己的规划方案，切身感受未来城市建设的效果，同时也可以对设计方案进行审查，及时修改不恰当之处。

通过虚拟现实技术，城市规划人员不仅可以置身于与现实比例一样的城市仿真场景中，还可以在道路中自由漫步，随意进入建筑内部进行审视。在虚拟场景中，设计人员还可以与场景中的建筑进行互动，对建筑模型予以放大与缩小，既可以用上帝视角查看区域布局，又可以仰望高耸的摩天大厦。无论未来的城市是什么样的景象，都能够通过虚拟现实技术一一呈现于眼前，让城市规划方案更加立体、具体、形象。将未来景象带到人们跟前，不仅能提高规划设计师的效率，还能够帮助人们更加深入地了解规划方案，感受城市的设计理念。

八、旅游＋VR

VR全景智能展示系统可以帮助企业对风景和旅游设施、地理环境进行更有效的记录和存档，更方便地进行规划、保护和管理。VR全景智能展示系统还可以提供大数据，实现资源整合。此外，VR全景智能展示系统还拥有便捷性、优惠性、个性化、异地性等诸多优势，而且3D实景的画面具有清晰度高、细节表现完美、真实性强、导览性强、交互性强的特点，更能适应市场需求，从而使旅游公司能够更好地设计旅游精品路线。

图 6-7　旅游＋VR

九、游戏＋VR

人们对 VR 游戏投入了大量的关注和资源，除了为游戏增添中文歌曲外，更将发起全游戏联动。移动端和 VR 端的跨界连接，能够共同为游戏造势。未来，许多网易爆款游戏中玩家耳熟能详的配乐，将会以特别的形式出现在《节奏空间》的 VR 世界中。

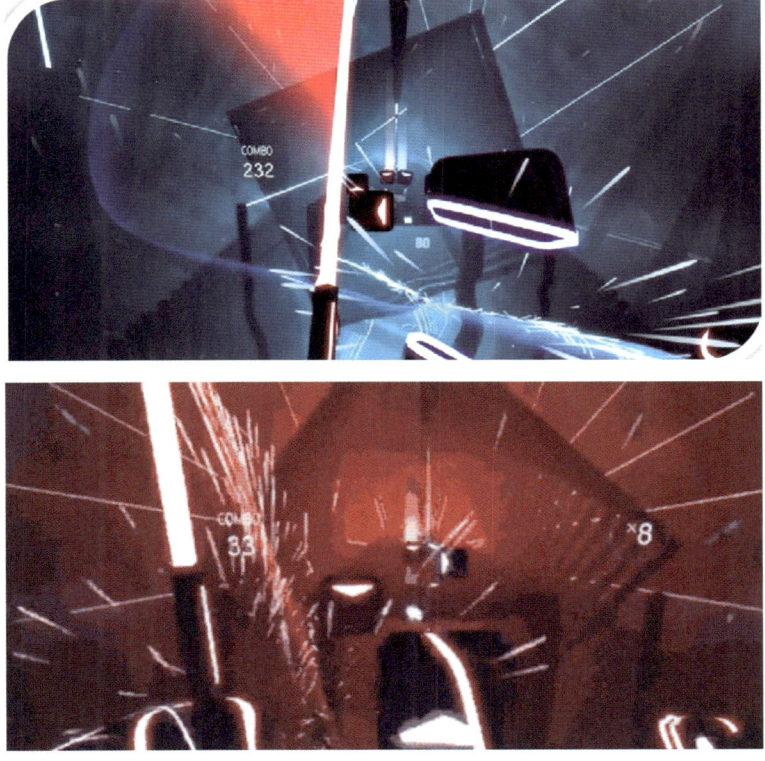

图 6-8　游戏＋VR

十、未来＋VR

　　随着5G的到来，更高清、更流畅的视频将在各应用场景中为用户带来更佳的体验，VR视频领域也不例外。正如英特尔在报告中所提到的："用户对视频数据的需求，不仅仅只是因为视频分辨率会提高，还因为额外的嵌入式媒体和优化的沉浸式体验（5G网络更低的延迟可帮助解决VR眩晕问题）。"①而未来，随着5G技术的加持，流媒体（包括VR视频在内）将拥有更高的可持续发展性。在这一趋势下，作为内容载体的VR流媒体平台之间的竞争，势必会更加激烈。

---

① 5G网络集成后，VR流媒体竞争也将日益激烈［EB/OL］.［2019-03-14］. http://www.ctoutiao.com/1105615.html.

附录一

中共中央办公厅、国务院(办公厅)发布的 VR 相关政策

中共中央办公厅 国务院办公厅:《关于促进移动互联网健康有序发展的意见》

坚定不移实施创新驱动发展战略,在科研投入上集中力量办大事,加快移动芯片、移动操作系统、智能传感器、位置服务等核心技术突破和成果转化,推动核心软硬件、开发环境、外接设备等系列标准制定,加紧人工智能、虚拟现实、增强现实、微机电系统等新兴移动互联网关键技术布局,尽快实现部分前沿技术、颠覆性技术在全球率先取得突破。

国务院:《国家教育事业发展"十三五"规划》

全力推动信息技术与教育教学深度融合。支持各级各类学校建设智慧校园,综合利用互联网、大数据、人工智能和虚拟现实技术探索未来教育教学新模式。

国务院:《"十三五"国家信息化规划》

强化战略性前沿技术超前布局。加强量子通信、未来网络、类脑计算、人工智能、全息显示、虚拟现实、大数据认知分析、新型非易失性存储、无人驾驶交通工具、区块链、基因编辑等新技术基础研发和前沿布局,构筑新赛场先发主导优势。

国务院:《关于进一步扩大和升级信息消费持续释放内需潜力的指导意见》

升级智能化、高端化、融合化信息产品,重点发展面向消费升级的中高端移动通信

终端、可穿戴设备、数字家庭产品等新型信息产品，以及虚拟现实、增强现实、智能网联汽车、智能服务机器人等前沿信息产品。

加强"互联网＋"人工智能核心技术及平台开发，推动虚拟现实、增强现实产品研发及产业化，支持可穿戴设备、消费级无人机、智能服务机器人等产品创新和产业化升级。

支持企业加快线上线下体验中心建设，积极运用虚拟现实、增强现实、交互娱乐等技术丰富消费体验.，培养消费者信息消费习惯。

国 家 部 委 发 布 的 VR 相 关 政 策

工业和信息化部：《信息通信行业发展规划（2016－2020 年）》

构建基于互联网能力开放的研发、应用聚合中心，整合上下游产业要素，推动从研发到应用的产业链深层次互动和协作，拓展信息服务范围，提升信息服务层次和水平。加强通信网络、数据中心等基础设施规划与布局，提升互联网在信息汇聚、信息分析和处理等方面的支撑能力。

发挥互联网企业创新主体地位和主导作用，以技术创新为突破，带动移动互联网、5G、云计算、大数据、物联网、虚拟现实、人工智能、3D 打印、量子通信等领域核心技术的研发和产业化。

积极推动产业协作，充分挖掘互联网在支撑智能制造、推动产业升级、服务社会民生等方面的潜力，推动互联网产业逐步实现自主发展、创新发展和均衡发展。

工业和信息化部：《应急产业培育与发展行动计划（2017－2019 年）》

在技术转移转化方面，要加快推进消防、安防、生产安全、交通安全、医学救援、防灾减灾、反恐防暴等应急技术工程化，促进物联网、北斗导航、虚拟现实/增强现实、人工智能、新材料等高新技术应用于突发事件应对并形成新产品、新装备、新服务。

文化部：《推动数字文化产业创新发展的指导意见》

推动数字文化在电子商务、社交网络的应用，与虚拟现实购物、社交电商、"粉丝"经济等营销新模式相结合。支持可穿戴设备、智能家居、数字媒体等新兴数字文化消费品发展，加强质量与品牌建设。

促进虚拟现实产业健康有序发展，开拓混合现实娱乐、智能家庭娱乐等消费新领域,推动智能制造、智能语音、三维(3D)打印、无人机、机器人等技术和装备在数字文化产业领域的应用,不断丰富产品形态和服务模式,拓展产业边界。

构建数字文化领域标准体系。加强手机(移动终端)动漫标准应用推广,推动虚拟现实、交互娱乐等领域相关产品、技术和服务标准的研究制定,积极参与数字文化领域国际标准建设。

文化部:《文化部"十三五"时期文化科技创新规划》

全面推进科技融入文化领域。信息网络、智能制造、虚拟现实、大数据、云计算、物联网、3D打印等高新技术的应用更加广泛,文化领域科技创新水平显著提高。

文化部:《文化部"十三五"时期文化产业发展规划》

围绕文化产业发展重大需求,运用数字、互联网、移动互联网、新材料、人工智能、虚拟现实、增强现实等技术,提升文化科技自主创新能力和技术研发水平。

推进游戏产业结构升级,推动网络游戏、电子游戏等游戏门类协调发展,促进移动游戏、电子竞技、游戏直播、虚拟现实游戏等新业态发展。鼓励研发具有自主知识产权的网络游戏技术、电子游戏软硬件设备,鼓励游戏游艺设备生产企业积极引入体感、多维特效、虚拟现实、增强现实等先进技术。

国家发展和改革委员会:《"十三五"国家科技创新规划》

突破虚实融合渲染、真三维呈现、实时定位注册、适人性虚拟现实技术等一批关键技术,形成高性能真三维显示器、智能眼镜、动作捕捉和分析系统、个性化虚拟现实整套装置等具有自主知识产权的核心设备。基本形成虚拟现实与增强现实技术在显示、交互、内容、接口等方面的规范标准。在工业、医疗、文化、娱乐等行业实现专业化和大众化的示范应用,培育虚拟现实与增强现实产业。

科技部:《"十三五"医疗器械科技创新专项规划》

在先进治疗领域,以"精准、微创、快捷、智能"为方向,围绕新型粒子束应用、多模式信息融合、触觉反馈、所见即所触空间测量等临床治疗难点问题,重点开展面向脏器、病灶、神经及血管的实时交互的虚拟手术模拟仿真和医学物理等基础研究,加快发展虚拟现实、增强现实、定位导航等前沿技术,促进新型肿瘤治疗方法、精准手术规划、机器人治疗等发展。

科技部、国家中医药管理局：《"十三五"中医药科技创新专项规划》

发展符合中药制造特点的信息物理系统、物联网技术、人工智能技术、虚拟现实和增强现实技术、基于模型技术、混合制造技术，加快智能装备、智能生产线、网络化分布生产设施研发，构建智能化生产系统、智能化工厂（或车间），推动我国中药制造技术迈向高端水平。

科技部、质检总局、国家标准委：《"十三五"技术标准科技创新规划》

研究 5G、物联网、云计算、大数据、网络安全、新型显示、虚拟现实/增强现实等新一代信息技术标准；电子政务、电子商务、科技服务、标准服务等服务业共性标准。

科技部、发展改革委、工业和信息化部、国家卫生计生委、体育总局和食品药品监管总局六部委：《"十三五"健康产业科技创新专项规划》

围绕功能代偿、生活护理、康复训练等需求，重点突破柔性控制、多信息融合、运动信息解码、外部环境感知等新技术，开发系列智能假肢、智能矫形器、外固定矫正系统、新型电子喉、智能护理机器人、外骨骼助行机器人、智能喂食系统、多模态康复轮椅、智能康复机器人、虚拟现实康复系统、肢体协调动作系统、智能体外精准反搏等康复辅具。

加快增强现实、虚拟现实、计算机图形图像可视化、人工神经网络的深度学习、自然进化和人工免疫等算法、认知计算等关键技术的应用突破，推动治疗规划、外科手术、微创介入、活检穿刺、放疗等技术的智能化发展，提高治疗水平。

地方政府发布的 VR 相关政策

重庆市人民政府《2017 年政府工作报告》

发展壮大战略性新兴制造业。跟踪世界科技前沿，加大增材制造、无人机、人工智能、服务机器人、虚拟现实等产业项目储备、引进和研发，不断拓展新的产业领域。

浙江省政府：《浙江省国家信息经济示范区建设实施方案》

超前布局前沿技术研究。围绕人工智能、量子通信、虚拟现实和区块链等前沿关键技术开展联合攻关,抢占新一代信息技术发展主导权。加快人工智能技术研究,推进计算机视觉、智能语音处理、生物特征识别、自然语言理解、智能决策控制以及新型人机交互等关键技术的研发和产业化。

南京市政府:《南京市"十三五"互联网经济发展规划》

加快云计算与大数据产业发展。依托中国(南京)软件谷南京大数据产业基地、江苏软件园、白下高新园等重点园区和特色应用基地,重点突破虚拟资源调度、数据存储处理、大规模并行分析、分布式内存计算、轻量级容器管理、可视化等核心技术;重点开展深度学习、类脑计算、认知计算、区块链、虚拟现实等前沿技术创新;结合政府治理、民生服务及工业等典型行业应用;重点突破大数据分析、理解、预测及决策支持与知识服务等智能数据应用关键技术;推动重点云计算、大数据平台建设和发展。到2020年,全市云计算和大数据服务收入超过1 000亿元,建成一批在国内处于领先水平的云计算与大数据特色产业基地。

加快虚拟现实/增强现实/混合现实(VR/AR/MR)产业发展。依托中国(南京)软件谷、徐庄软件园等主要载体,重点发展虚拟现实操作系统、数字视觉、数字图像、数字可视化、全息影像等技术、产品及服务;突破实时三维计算机图形、显示、跟踪、触觉/力觉反馈、场景融合等关键技术;引导企业建立围绕硬件、软件、操作系统、内容制作和开发者社区的增强现实领域生态链布局,加快VR/AR/MR技术在制造、医疗、教育、旅游、娱乐等重点领域的应用推广。

青岛市政府:《青岛市创建国家知识产权强市实施方案》

青岛市将加强知识产权的运用,完善投融资服务体系,推进知识产权金融创新,支持企业利用知识产权通过资本市场实现直接融资,鼓励探索知识产权创业众筹等互联网金融模式;以海洋科技、新一代信息技术、轨道交通、家电电子、海工装备、虚拟现实等产业为重点,开展专利导航产业发展实验区建设试点。

河南省政府:《河南省推进国家大数据综合试验区建设实施方案的通知》

加快发展大数据关联产业。以郑州航空港经济综合实验区为重点,持续扩大智能手机规模优势,完善研发设计、应用软件、零部件等产业链,积极发展智能穿戴、智能车载、智能医疗健康、智能家居、虚拟现实等新型智能终端产品,壮大智能终端产业集群。

引进大数据软硬件一体化和智能终端配套生产领域的核心企业,实现智能终端制造与大数据应用服务互动发展。加快推动传感器、光电子器件等有一定优势的产业做大做强。

泸州市人民政府：《关于加快大数据产业发展的实施意见》

着力推进VR（虚拟现实）与传统产业的深度融合。依托招引国内外知名企业，建设西南VR基地。设立VR研发中心，着力VR内容研发和生产，吸引上下游产业链配套企业产业链招商。

推进建设VR安全教育训练中心和VR全行业应用体验中心；建立线上体验平台，高效管理各类精品资源，全面提供搜索导航服务，及时发布资源应用信息等；发展VR电商；建立VR双创中心（发包中心），搭建VR开发平台，为各种行业创业者基于平台VR内容创新和创造；大力发展VR＋安全、VR＋创客、VR＋白酒、VR＋设计、VR＋职业培训等各行业特色VR解决方案，覆盖医疗、交通、教育、工业、食品、旅游、展览展会、房地产、娱乐、游戏等多行业应用。

深圳市发改委：《VR/AR产业专项扶持资金申请指南》

在深圳市（含深汕合作区）注册、具备独立法人资格的从事5G移动通信、石墨烯、虚拟现实和增强现实、机器人与智能装备、微纳米材料与器件、生物技术与精准医疗、智能无人系统、金融科技、增材制造和激光制造领域研发、生产及服务的企业、事业单位、社会团体或民办非企业等机构。

安徽省人民政府：《关于加快发展健身休闲产业的实施意见》

我省将支持企业利用互联网技术对接健身休闲个性化需求，根据不同人群，尤其是青少年、老年人的需要，研发和生产多样化、适应性强的健身休闲器材装备，鼓励可穿戴式运动设备、虚拟现实运动装备等新产品研发和推广。

鼓励开发以移动互联网、大数据、云计算技术为支撑的健身休闲服务，推动传统健身休闲企业由销售导向向服务导向转变，提升场馆预订、健身指导、运动分析、交流互动、赛事参与等综合服务水平。

南昌市人民政府《2017年南昌市政府工作报告》

大力推动向塘铁路物流枢纽和陆路口岸、昌北多种交通方式衔接的物流枢纽建设，积极推进全国物流标准化试点项目建设，全面完成省级城市配送试点项目建设。

加快打造"南昌慧谷"积极推动中航长江设计师创意产业园、江西慧谷·红谷创意产业园、中国（南昌）虚拟现实VR产业基地、699文化创意产业园等产业项目建设，集中力量打造数字创意、文化创意产业集聚区。

青岛市人民政府：《青岛市"十三五"战略性新兴产业发展规划》

新一代信息技术产业的发展，将重点推动下一代互联网、物联网、云计算、大数据、人工智能、虚拟现实等通用技术在各领域的融合集成应用，加快商业模式创新，培育新兴业态，推动电子信息产业转型升级取得突破性进展。力争到 2020 年新一代信息技术产业产值突破 2 000 亿元，建成国家知名的互联网工业城市、国家下一代互联网示范城市、国家电子商务示范城市和国家北方数据中心。

北京市中关村管委会：《关于征集前沿储备项目的通知》

聚焦人工智能、虚拟现实（增强现实）、大数据、高端芯片、生物医药和高端医疗器械、智能机器人（含智能电动车、无人机）、前沿材料和高端装备等产业领域，挖掘全球领先的颠覆性前沿技术项目，加快培育一批有全球影响力的科技创新企业，打造具有技术主导权的产业集群。

潍坊市人民政府：《潍坊市打造千亿级虚拟现实产业配套政策》

1. 支持新创办 VR 企业。对新成立的实缴注册资本 100 万元以上的 VR 企业，经投资主体申报、第三方评估认定，给予 10－20 万元的创业启动资金支持；新注册企业在投产运营 5 年内，上缴地方税收弥补政府支持投入后，地方留成部分全部补助给企业。

2. 扶持企业发展壮大。对晋升为规模以上的 VR 企业，同级财政给予一次性奖励 10 万元。对产值首次达到 2 亿元、4 亿元、10 亿元的 VR 企业，分别给予奖励 200 万元。

3. 支持 VR 产业项目建设。对实际投资达到 2 亿元或年纳税总额 1 000 万元以上的 VR 招商项目（包括现有企业增加投资、企业并购增加投资），按实际投资额的 5％给予企业奖励，最高不超过 5 000 万元。补助资金主要用于支持企业购进先进设备，开展科技研发和技术升级。

4. 政府贴息补助。对落户我市的 VR 企业在建设中实际发生的银行贷款，由同级财政连续三年给予银行贷款利息 20％的补助，每年不超过 150 万元。

5. 设立 50 亿元的 VR 及创新产业基金。基金用于带动 VR 相关产业发展，吸引国内外领先的 VR 产业企业和项目落户潍坊。

6. 支持本地 VR 企业通过资本市场融资。对在主板、中小板、创业板上市，并首次公开发行股票或在境外上市的 VR 企业，给予 300 万元的奖励；对实现"买壳"上市，或将上市公司注册地和主营业务迁至我市的 VR 企业，给予 300 万元的奖励；对在全国中小企业股份转让系统挂牌的 VR 企业，给予 180 万元的奖励；对在省内区域性股权交易市场挂牌的 VR 企业，给予 50 万元的奖励；对通过资本市场实现融资的 VR 企业，按照融资额的 5‰，给予最高不超过 50 万元的奖励。

7. 实施投资风险补偿。对市金融控股集团产业基金参股的子基金，投资于种子期和初创期 VR 企业，三年内发生投资损失的，对社会出资人分别按不超过其实际投资损失的 60% 和 30% 给予一次性补偿，单一项目补偿金额最高不超过 300 万元，单一投资机构补偿金额最高不超过 600 万元。

8. 鼓励开展技术创新。对关键核心技术研发、重大科技成果转化和产学研合作等创新项目，经第三方评价机构认定，由同级财政给予最高不超过 200 万元的资金支持。

9. 支持承担重大专项。对 VR 企业作为第一承担单位获批立项的国家科技重大专项、国家重点研发计划项目，按照当年度国家实际到位资金的 10%，由同级财政给予最高不超过 100 万元的资金支持。

10. 落实 VR 企业研发费用加计扣除政策。企业开发新技术、新产品、新工艺产生的研究开发费用，未形成无形资产计入当期损益的，在按规定据实扣除的基础上，按照研究开发费用的 50% 加计扣除；形成无形资产的，按照无形资产成本的 150% 摊销。

11. 支持科研平台建设。对经认定为国家级企业（示范）工程（技术）研究中心、企业技术中心、行业技术中心、工业设计中心、重点（工程）实验室的 VR 企业，给予 200 万元的资金支持；对经认定为省级科研平台的 VR 企业，给予 50 万元的资金支持。对在我市批准设立的 VR 公共技术服务平台，按建设投入的 50% 给予补助，每个平台补助额度不超过 1 000 万元。对建设 VR 产业公共技术研究院的企业，市级财政每年给予最高不超过 2 000 万元的资金支持。对认定的国家级和省级孵化器、加速器，市级财政分别给予 100 万元、50 万元奖励；孵化器、加速器内的 VR 企业被新认定为高新技术企业的，每认定 1 家，给予孵化器、加速器 5 万元奖励。

12. 支持企业重组并购和品牌建设。对通过商标国际注册的 VR 企业，由市级财政给予官费 50% 的补助，单户企业一次性补助最高不超过 40 万元。

13. 支持国内、省内首台（套）产品。对投保的国家、省首台（套）产品，在享受国家和省保费补偿政策后，剩余保费给予等额资金支持，对单个企业年度财政扶持额度最高不超过 100 万元。

14. 支持引进高端人才。对来我市工作的 VR 专业领域博士后，每月给予 2 000 元的补助；对签订 5 年以上劳动合同的，博士后及博士每月给予 3 000 元（连续五年）、硕士每月给予 1 500 元(连续三年)、本科每月给予 500 元(一年)的补助。对来潍自主创业的 VR 人才,除享受入住人才公寓政策外,三年内实际投资额达到 500 万元以上或累计缴纳税金达到 30 万元以上的,发放 10 万元"购房券"用于购买自有住房;实际投资额每增加 500 万元或累计缴纳税金每增加 30 万元,增发 5 万元"购房券",最高为 50 万元。对 VR 企业连续聘用 2 年以上的高级管理人员,从聘用起计算,缴纳个人所得税地方留成部分,按照前三年 100%、后两年 50% 的标准补助企业;对高级管理人员股权退出所缴纳的个人所得税地方留成部分,按照 50% 的标准补助企业。补助资金主要用于高端人才引进和奖励。

15. 鼓励高端人才创建研发机构。对新引进的具有国际一流水平、处于国内领先地位的 VR 产业人才,在 VR 基地设立研发机构的,同级财政给予 250－1 000 万元的资金扶持。对重要国际科技组织在 VR 基地设立的地区总部或分支机构,根据其建设和投资规模、服务水平、引进项目和人才(团队)数量、产业带动力以及品牌影响力等情况,给予 100－200 万元的专项资金支持。

16. 为高层次人才子女入园、入学提供优质服务。对 VR 企业高级管理人员及关键技术人员的子女接受学前教育、义务教育,由当地教育部门根据本人意愿予以协调安排。

17. 土地保障。对 VR 企业建设用地优先统筹安排,对进驻 VR 基地内的 VR 数据中心、渲染中心、超算中心、研发设计中心等项目优先供应用地。对 VR 基地内收储地块收益及各种规费地方留成部分,原则上全部用于 VR 基地的改造和基础设施建设。

18. 电力保障。对 VR 基地内的企业实行双回路电力保障,执行大工业用电价格,并支持发电企业直接交易。

19. 网络通信支持。在 VR 基地内,建设互联网国际通信业务专用通道,提供互联网骨干网络直连和双路由链路保障;依托我市云计算中心及物联潍坊公共服务平台等已建基础设施,为进驻基地企业提供云服务;加快推进 5G 实验网络建设,实行宽带网络、云服务租费价格补助政策。每年由基地运营主体统一提出申请,对入驻企业宽带网络、云服务租费给予 20%－40% 的价格补助,年补助额最高不超过 100 万元。

20. 生活设施建设支持。对 VR 企业贷款进行生活配套区建设的,财政给予其银行贷款 50% 的一次性利息补贴,最高不超过 500 万元。

21. 办公用房补贴。VR 企业在 VR 基地购置自用办公场所且面积超过 1 000 平方米(含)的,可享受每平方米 1 000 元的一次性购房补贴,每个企业补贴最高不超过 100 万元;租赁 VR 基地内办公场所且自用的,前 3 年免除房租,后 2 年按 50% 收取,每个企业每年免除房租额最高不超过 100 万元。期间不得出租、出售或改变用途。

22. 强化组织保障。成立全市虚拟现实产业发展领导小组，负责研究制定全市 VR 产业发展规划，推动落实相关政策，组织开展专业招商；统筹协调科技创新园建设推进工作组、智能硬件产业园推进工作组、虚拟现实内容产业推进工作组，负责组织推进、协调指导虚拟现实产业基地建设和运营。

附录二

2018 年 9 月 14 日，教育部正式宣布在《普通高等学校高等职业教育（专科）专业目录》中增设"虚拟现实应用技术"专业，从 2019 年开始执行。从长远来看，教育部的新举措成为产业长远发展的坚强后盾，同时也为 VR/AR 行业带来了信心。

2018 年 12 月 25 日，工业和信息化部在发布的《关于加快推进虚拟现实产业发展的指导意见》中提到，虚拟现实（含增强现实、混合现实，简称 VR）融合应用了多媒体、传感器、新型显示、互联网和人工智能等多领域技术，能够拓展人类感知能力，改变产品形态和服务模式，给经济、科技、文化、军事、生活等领域带来深刻影响。全球虚拟现

实产业正从起步培育期向快速发展期迈进，我国面临同步参与国际技术产业创新的难得机遇，但也存在关键技术和高端产品供给不足、内容与服务较为匮乏、创新支撑体系不健全、应用生态不完善等问题。

意见中也提出了要推进重点行业应用，VR＋教育名列其中：推进虚拟现实技术在高等教育、职业教育等领域和物理、化学、生物、地理等实验性、演示性课程中的应用，构建虚拟教室、虚拟实验室等教育教学环境，发展虚拟备课、虚拟授课、虚拟考试等教育教学新方法，促进以学习者为中心的个性化学习，推动教、学模式转型；打造虚拟实训基地，持续丰富培训内容，提高专业技能训练水平，满足各领域专业技术人才培训需求；促进虚拟现实教育资源开发，实现规模化示范应用，推动科普、培训、教学、科研的融合发展。

目前职业院校已有的 VR 人才培养大多还停留在建立虚拟现实实验室或者尝试性地将虚拟现实应用到教学研究中，覆盖范围有限。对于 VR 这个多学科交叉、创新性很强的新专业学科，学校在专业设置、师资引进、软硬件设备上都存在滞后现象，从某种程度上也反映出我国 VR 教育体系的缺失。

2019 年 1 月 15 日，教育部在发布的《关于公布 2019 年高等职业教育专业设置备案和审批结果的通知》中提到，经各省级教育行政部门备案的非国家控制高职专业点有 57 860 个。高等职业学校拟招生专业设置备案结果查询显示，共有 71 所院校开设了"虚拟现实应用技术"专业（专业代码：610216 ），分布于 20 个省，其中开设该专业的省/市数量前三名分别为：河南省（10 所）、江西省（10 所）并列第一，福建省（9 所）排名第三。

省份	专业代码	专业名称	学校代码	学校名称	年限
甘肃省	610216	虚拟现实应用技术	4162014376	白银矿冶职业技术学院	3
甘肃省	610216	虚拟现实应用技术	4162012833	兰州职业技术学院	3
陕西省	610216	虚拟现实应用技术	4161014488	陕西艺术职业学院	3
陕西省	610216	虚拟现实应用技术	4161013945	西安铁路职业技术学院	3
陕西省	610216	虚拟现实应用技术	4161013738	西安汽车科技职业学院	3
贵州省	610216	虚拟现实应用技术	4152014371	贵州盛华职业学院	3
贵州省	610216	虚拟现实应用技术	4152013055	铜仁职业技术学院	3
贵州省	610216	虚拟现实应用技术	4152012223	贵州航天职业技术学院	3
四川省	610216	虚拟现实应用技术	4151014175	四川城市职业学院	3
四川省	610216	虚拟现实应用技术	4151012637	四川化工职业技术学院	3
广西壮族自治区	610216	虚拟现实应用技术	4145012364	广西工业职业技术学院	3
广西壮族自治区	610216	虚拟现实应用技术	4145012104	柳州职业技术学院	3

省份	专业代码	专业名称	学校代码	学校名称	年限
广东省	610216	虚拟现实应用技术	4144013919	广东理工职业学院	3
广东省	610216	虚拟现实应用技术	4144013912	广州现代信息工程职业技术学院	3
广东省	610216	虚拟现实应用技术	4144012959	广东工贸职业技术学院	3
广东省	610216	虚拟现实应用技术	4144012322	广东农工商职业技术学院	3
广东省	610216	虚拟现实应用技术	4144011113	深圳职业技术学院	3
湖南省	610216	虚拟现实应用技术	4143014025	湖南安全技术职业学院	3
湖南省	610216	虚拟现实应用技术	4143013045	湖南石油化工程职业技术学院	3
湖南省	610216	虚拟现实应用技术	4143013042	潇湘职业学院	3
湖南省	610216	虚拟现实应用技术	4143012304	湖南科技职业学院	3
湖南省	610216	虚拟现实应用技术	4143010827	长沙民政职业技术学院	3
河南省	610216	虚拟现实应用技术	4141014607	河南轻工职业学院	3
河南省	610216	虚拟现实应用技术	4141014479	南阳农业职业学院	3
河南省	610216	虚拟现实应用技术	4141014308	河南艺术职业学院	3
河南省	610216	虚拟现实应用技术	4141014062	郑州电力职业技术学院	3
河南省	610216	虚拟现实应用技术	4141013889	河南林业职业学院	3
河南省	610216	虚拟现实应用技术	4141013792	郑州职业技术学院	3
河南省	610216	虚拟现实应用技术	4141012067	许昌职业技术学院	3
河南省	610216	虚拟现实应用技术	4141011787	濮阳职业技术学院	3
河南省	610216	虚拟现实应用技术	4141010843	郑州铁路职业技术学院	3
河南省	610216	虚拟现实应用技术	4141010824	河南职业技术学院	3
山东省	610216	虚拟现实应用技术	4137014506	山东艺术设计职业学院	3
江西省	610216	虚拟现实应用技术	4136014168	江西泰豪动漫职业学院	3
江西省	610216	虚拟现实应用技术	4136013872	江西农业工程职业学院	3
江西省	610216	虚拟现实应用技术	4136013867	江西制造职业技术学院	3
江西省	610216	虚拟现实应用技术	4136013776	江西先锋软件职业技术学院	3
江西省	610216	虚拟现实应用技术	4136013428	抚州职业技术学院	3

2019 年,高职院校首开虚拟现实应用技术专业,此举能让更多的人正确地认识虚拟现实,也让这一技术能够以最快的速度落实下去,研究出一套具备可持续发展能力、适应性更强、熟悉 VR 产品的理论和专业知识,以及培养出掌握 VR 产品的设计和制作技能的 VR 产业从业者。

附录三

全球 VR 电影节

● **VR 影视作品"专属"的电影节**

西南偏南

SXSW 是英文 South By Southwest（西南边的南边，这是得州的地理位置）的简写。这是一个每年都在美国德克萨斯州（Texas）举办的可能是世界上规模最大的音乐盛典。每年都有来自世界各地的上千万的音乐人、乐队报名参加。目前接受 VR/MR 影片、游戏和交互艺术作品。

圣丹斯电影节

圣丹斯电影节即"日舞影展"，专门为独立电影人而设，是全世界首屈一指的独立制片电影。美国圣丹斯电影节由罗伯特·雷德福于 1984 年一手创办，由圣丹斯研究所举办，研究所由 25 个成员组成。圣丹斯电影节每年 1 月 18 日－28 日在美国犹他州的帕克城举行，为期 11 天。圣丹斯电影节组委会鼓励提交独立小说作品、纪录片和交互 VR 作品。作品必须可以通过 Oculus Rift、HTC Vive、三星 Gear VR 或者 Google Cardboard 体验。

翠贝卡电影节

翠贝卡电影节（Tribeca Film Festival）由美国电影制片人简·罗森泰以及著名演员罗伯特·德·尼罗在"9·11"事件后发起并创办。2002 年，翠贝卡电影学院成功举办了第一届翠贝卡电影节，该电影节旨在通过影展的活动来推动全球电影界和普通观众对电影艺术生命力的认识。同时,第一届翠贝卡电影节的举办亦用来庆祝美国纽约成为电影产业的中心,并为下曼哈顿城区的重新规划建设提供契机。整个翠贝卡电影节期间都会安排 VR/AR 形式作品的展示。

360 电影节

名字已经非常直白,这是一个专注于 VR、AR 和全景内容的电影节,举办地在法国巴黎。

谢菲尔德国际纪录片电影节

谢菲尔德国际纪录片电影节是世界三大纪录片电影节之一,向观众展示优秀的 VR 纪录片。

加拿大热门纪录片节

加拿大热门纪录片节是北美最大的纪录片节,也是世界八大纪录片节之一。加拿大热门纪录片节对于参展的 VR 作品要求为沉浸式或交互式纪录片,地区不做限制,但最好在多伦多地区进行首映,语言则要求为英文。

● 开设 VR 影视相关渠道的电影节

北京国际电影节

北京国际电影节(Beijing International Film Festival)前身为北京国际电影季,创办于 2011 年,由中国国家广播电影电视总局、北京市人民政府主办,具有国际性、专业性、创新性、开放性和高端化、市场化的大型电影主题活动,旨在融汇国内国际电影资源,搭建展示交流交易平台,是北京市建设世界城市的重点文化活动及打造东方影视之都的核心活动之一。2018 年,北京国际电影节首次引入 VR 单元,也是 VR 作品在中国的首次展映。

威尼斯国际电影节

威尼斯国际电影节(Venice International Film Festival),是每年 8 月至 9 月间于意大利威尼斯利多岛举办的国际电影节,它与法国的戛纳国际电影节及德国的柏林国际电影节并称为欧洲三大国际电影节(世界三大电影节),最高奖项是金狮奖。威尼斯电影节创办于 1932 年。2017 年开设 VR 单元,不但首推 VR 竞赛单元,还开放了"在线展映"VR 单元作品。

青岛国际 VR 影像周·砂之盒

青岛国际 VR 影像周·砂之盒沉浸影像展由砂之盒发起,旨在聚焦前沿沉浸叙事体验,致力于捕捉国际沉浸艺术未来的潮流和趋向,把握沉浸叙事内容发展脉络,拓展沉浸叙事的边界，探讨沉浸叙事内容的更多可能。影像周活动通过一年一度的举办，从主题峰会、官方展映、沉浸艺术展、创投单元、市场以及砂之盒颁奖礼等单元，构筑全球最广泛的内容创意合作网络，为广大创意人提供展示和交流平台，寻找有可能的市场机会，建立中国与全球沉浸媒介创意人合作的桥梁和窗口，成为未来沉浸体验的摇篮。

图书在版编目（CIP）数据

虚拟现实技术：VR全景实拍基础教程／韩伟编著. －－北京：中国传媒大学出版社，2019.9（2020.12重印）

广播影视类"十三五"规划应用型教材

ISBN 978-7-5657-2543-2

Ⅰ. ①虚…　Ⅱ. ①韩…　Ⅲ. ①虚拟现实—高等学校—教材

Ⅳ. ①TP391.98

中国版本图书馆 CIP 数据核字（2019）第 187675 号

虚拟现实技术：VR 全景实拍基础教程

XUNI XIANSHI JISHU：VR QUANJING SHIPAI JICHU JIAOCHENG

编　　著	韩　伟	
策划编辑	李水仙	
责任编辑	李水仙	
特约编辑	张　婧	
封面设计	燕金旺	
责任印制	李志鹏	

出版发行	中国传媒大学出版社			
社　　址	北京市朝阳区定福庄东街 1 号	邮　　编	100024	
电　　话	86-10-65450528　65450532	传　　真	65779405	
网　　址	http://cucp.cuc.edu.cn			
经　　销	全国新华书店			
印　　刷	三河市东方印刷有限公司			
开　　本	787mm×1092mm　1/16			
印　　张	10.25			
字　　数	200 千字			
版　　次	2019 年 9 月第 1 版			
印　　次	2020 年 12 月第 2 次印刷			
书　　号	ISBN 978-7-5657-2543-2/TP · 2543	定　　价	59.00 元	